Oxford
International
Primary

[英] 艾莉森·佩奇（Alison Page）
霍华德·林肯（Howard Lincoln） 著
卡尔·霍尔德（Karl Held）

赵婴 樊磊 刘畅 郭嘉欣 刘桂伊 译

6

适合10～11岁

牛津给孩子的信息科技通识课

清华大学出版社
北京

内 容 简 介

新版《牛津给孩子的信息科技通识课》共 9 册，旨在向 5～14 岁的学生传授重要的计算思维技能，以应对当今的数字世界。本书是其中的第 6 册。

本书共分 6 单元，每单元包含循序渐进的 6 个教学环节和 1 个自我测试。教学环节包括学习目标、学习内容、课堂活动、额外挑战和更多探索等。自我测试包括一定数量的测试题和以活动方式提供的操作题，读者可以自测本单元的学习成果。第 1 单元介绍机器人和控制系统；第 2 单元介绍网络礼仪及如何创建和改进包含文本和图像的简单网页；第 3 单元介绍如何设计、改进算法，以及如何把算法变成程序；第 4 单元介绍如何制作简单的计算机游戏；第 5 单元介绍如何采集、存储数据，使用演示文稿演示数据；第 6 单元介绍如何使用电子表格对数据进行存储、简化、计算、筛选、排序和检查。

本书面向 10～11 岁的学生，可以作为培养学生 IT 技能和计算思维的培训教材，也适合学生自学。

北京市版权局著作权合同登记号　图字：01-2021-6586

图书在版编目（CIP）数据

牛津给孩子的信息科技通识课 . 6 /（英）艾莉森•佩奇 (Alison Page)，（英）霍华德•林肯 (Howard Lincoln)，（英）卡尔•霍尔德 (Karl Held) 著；赵婴等译 . —北京：清华大学出版社，2024.9

书名原文：Oxford International Primary Computing Student Book 6

ISBN 978-7-302-61204-9

Ⅰ . ①牛⋯　Ⅱ . ①艾⋯ ②霍⋯ ③卡⋯ ④赵⋯　Ⅲ . ①计算方法－思维方法－青少年读物　Ⅳ . ① O241-49

中国版本图书馆 CIP 数据核字 (2022) 第 110199 号

责任编辑：袁勤勇
封面设计：常雪影
责任校对：韩天竹
责任印制：沈　露

出版发行：清华大学出版社
　　　　　网　　　址：https://www.tup.com.cn，https://www.wqxuetang.com
　　　　　地　　　址：北京清华大学学研大厦 A 座　　　　　邮　　编：100084
　　　　　社 总 机：010-83470000　　　　　邮　　购：010-62786544
　　　　　投稿与读者服务：010-62776969，c-service@tup.tsinghua.edu.cn
　　　　　质 量 反 馈：010-62772015，zhiliang@tup.tsinghua.edu.cn
印 装 者：小森印刷（北京）有限公司
经　　销：全国新华书店
开　　本：210mm×260mm　　　印　　张：7　　　字　　数：135 千字
版　　次：2024 年 9 月第 1 版　　　印　　次：2024 年 9 月第 1 次印刷
定　　价：59.00 元

产品编号：089977-01

序言

2022年4月21日，教育部公布了我国义务教育阶段的信息科技课程标准，我国在全世界率先将信息科技正式列为国家课程。"网络强国、数字中国、智慧社会"的国家战略需要与之相适应的人才战略，需要提升未来的建设者和接班人的数字素养和技能。

近年，联合国教科文组织和世界主要发达国家都十分关注数字素养和技能的培养和教育，开展了对信息科技课程的研究和设计，其中不乏有价值的尝试。《牛津给孩子的信息科技通识课》是一套系列教材，经过多国、多轮次使用，取得了一定的经验，值得借鉴。该套教材涵盖了计算机软硬件及互联网等技术常识、算法、编程、人工智能及其在社会生活中的应用，设计了适合中小学生的编程活动及多媒体使用任务，引导孩子们通过亲身体验讨论知识产权的保护等问题，尝试建立从传授信息知识到提升信息素养的有效关联。

首都师范大学外国语学院赵婴教授是中外教育比较研究者；首都师范大学教育学院樊磊教授长期研究信息技术和教育技术的融合，是普通高中信息技术课程课标组和义务教育信息科技课程课标组核心专家。他们合作翻译的该套教材对我国信息科技课程建设有参考意义，对中小学信息科技课程教材和资源建设的作者有借鉴价值，可以作为一线教师的参考书，也可供青少年学生自学。

熊璋

2024年5月

译者序

2014年，我国启动了新一轮课程改革。2018年，普通高中课程标准（2017年版）正式发布。2022年4月，中小学新课程标准正式发布。新课程标准的发布，既是顺应智慧社会和数字经济的发展要求，也是建设新时代教育强国之必需。就信息技术而言，落实新课程标准是中小学教育贯彻"立德树人"根本目标、建设"人工智能强国"及实施"全民全社会数字素养与技能"教育的重要举措。

在新课程标准涉及的所有中小学课程中，信息技术（高中）及信息科技（小学、初中）课程的定位、目标、内容、教学模式及评价等方面的变化最大，涉及支撑平台、实验环境及教学资源等课程生态的建设最复杂，如何达成新课程标准的设计目标成为未来几年我国教育面临的重大挑战。

事实上，从全球教育视野看也存在类似的挑战。从2014年开始，世界主要发达国家围绕信息技术课程（及类似课程）的更新及改革都做了大量的尝试，其很多经验值得借鉴。此次引进翻译的《牛津给孩子的信息科技通识课》就是一套成熟的且具有较大影响的教材。该套教材于2014年首次出版，后根据英国课程纲要的更新，又进行了多次修订，旨在帮助全球范围内各个国家和背景的青少年学生提升数字化能力，既可以满足普通学生的计算机学习需求，也能够为优秀学生提供足够的挑战性知识内容。全球任何国家、任何水平的学生都可以随时采用该套教材进行学习，并获得即时的计算机能力提升。

该套教材采用螺旋式内容组织模式，不仅涵盖计算机软硬件及互联网等技术常识，也包括算法编程、人工智能及其在社会生活中的应用等前沿话题。教材强调培养学生的技术责任、数字素养和计算思维，完整体现了英国中小学信息技术教育的最新理念。在实践层面，教材设计了适合中小学生的编程活动及多媒体使用任务，还以模拟食品店等形式让孩子们亲身体验数据应用管理和尊重知识产权等问题，实现了从传授信息知识到提升信息素养的跨越。

该套教材所提倡的核心观念与我国信息技术课标的要求十分契合，课程内容设置符合我国信息技术课标对课程效果的总目标，有助于信息技术类课程的生态建设，培养具有科学精神的创新型人才。

他山之石，可以攻玉。此次引进的《牛津给孩子的信息科技通识课》为我国5~14岁的学生学习信息技术、提高计算思维提供了优秀教材，也为我国中小学信息技术教育提供了借鉴和参考。

在本套教材中，重要的术语和主要的软件界面均采用英汉对照的双语方式呈现，读者扫描二维码就能看到中文界面，既方便学生学习信息技术，也帮助学生提升英语水平。

本套教材是5~14岁青少年学习、掌握信息科技技能和计算思维的优秀读物，既适合作为各类培训班的教材，也特别适合小读者自学。

本套教材由赵婴、樊磊、刘畅、郭嘉欣、刘桂伊翻译。书中如有不当之处，敬请读者批评指正。

译者

2024年5月

前言

向青少年学习者介绍计算思维

《牛津给孩子的信息科技通识课》是针对5~14岁学生的一个完整的计算思维训练大纲。遵循本系列课程的学习计划，教师可以帮助学生获得未来受教育所需的计算机使用技能及计算思维能力。

本书结构

本书共分6单元，针对10～11岁学生。

❶ 技术的本质：介绍机器人及其功能。

❷ 数字素养：创建网页。

❸ 计算思维：构建和修复算法。

❹ 编程：控制运动。

❺ 多媒体：收集和呈现数据。

❻ 数字和数据：对数据进行结构化处理、排序和筛选。

你会在每个单元中发现什么

- 简介：线下活动和课堂讨论帮助学生开始思考问题。
- 课程：6节课程引导学生进行活动式学习。
- 测一测：测试和活动用于衡量学习水平。

你会在每课中发现什么

每课的内容都是独立的，但所有课程都有共同点：每课的学习成果在课程开始时就已确定；学习内容既包括技能传授，也包括概念阐释。

活动 每课都包括一个学习活动。

额外挑战 让学有余力的学生得到拓展的活动。

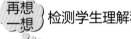 检测学生理解程度的测试题。

附加内容

你也会发现贯穿全书的如下内容：

词汇云 词汇云聚焦本单元的关键术语以扩充学生的词汇量。

创造力 对创造性和艺术性任务的建议。

探索更多 可以带出教室或带到家里的额外任务。

未来的数字公民 关于在生活中负责任地使用计算机的建议。

词汇表 关键术语在正文中首次出现时都显示为彩色，并在本书最后的词汇表中进行阐释。

评估学生成绩

每个单元最后的"测一测"部分用于对学生成绩进行评估。

- 进步：肯定并鼓励学习有困难但仍努力进取的学生。
- 达标：学生达到了课程方案为相应年龄组设定的标准。大多数学生都应该达到这个水平。
- 拓展：认可那些在知识技能和理解力方面均高于平均水平的学生。

测试题和活动按成绩等级进行颜色编码，即红色为"进步"，绿色为"达标"，蓝色为"拓展"。自我评价建议有助于学生检验自己的进步。

软件使用

建议本书读者用Scratch进行编程。对于其他课程，教师可以使用任何合适的软件，例如Microsoft Office、谷歌Drive软件、LibreOffice、任意Web浏览器。

资源文件

🌐你会在一些页看到这个符号，它代表其他辅助学习活动的可用资源，例如Scratch编程文件和可下载的图像。

可在清华大学出版社官方网站www.tup.tsinghua.edu.cn上下载这些文件。

目录

本书知识体系导读

牛津给孩子的信息科技通识课 ⑥ 10~11岁

1. 机器人和控制系统

- 什么是机器人
- 机器人的用途
- 机器人的工作原理
- 什么是控制系统
- 机器人如何改变人们的生活
- 未来的机器人

2. 制作网页

- 使用计算机时如何做到尊重他人
- 网页的组成部分
- 创建网页
- 在网页中添加图像
- 添加新网页
- 审阅网页

3. 算法和程序

- 设计程序规划
- 扩展程序规划
- 检查算法的错误
- 算法重新使用或调整用途
- 如何把算法变换成程序
- 如何组合和升级程序

4. 开发计算机游戏

- 使用x、y坐标控制角色的移动
- 让游戏程序对事件做出反应
- 使用程序命令控制音频和视频输出
- 如何在模块中存储命令
- 使用模块简化程序
- 使用高级技能编制具有挑战性的游戏

5. 采集、存储、呈现数据

- 规划调查
- 使用数据采集工具进行调查
- 用电子表格保存、呈现数据
- 创建演示文稿
- 改进演示文稿
- 发表演示文稿

6. 对数据进行结构化处理、筛选、排序

- 创建电子表格数据表
- 对数据进行排序和筛选操作
- 使用有效性检查数据
- 使用数据序列
- 使用公式进行自动计算
- 使用逻辑判断

① 技术的本质：机器人

你将学习：

➔ 机器人是什么，它是如何工作的；

➔ 控制系统能做什么，不能做什么；

➔ 机器人现在能做什么以及它们是如何发展的。

　　几百年来，人们一直对机器人着迷。虚拟的机器人出现在科幻电影（如《流浪地球》）、书籍和电子游戏中。今天，机器人在现实生活中与我们同在。机器人被用来制造电视和计算机等电子设备，还被用来制造汽车或者驾驶汽车。我们生活在一个机器人时代。

谈一谈

　　有些机器人被设计成人的样子。你觉得这么做会让它们更讨人喜欢吗？你会更喜欢看起来与人类外形相差大的机器人吗？想想电影和电视剧中机器人的样子。你喜欢哪一种类型？

　学习成果： 描述机器人技术和控制系统；讨论机器人技术和控制系统的潜力和局限性。

设计自己的完美的机器人助手。你的机器人会是什么样子的？它会有哪些特殊工具和功能？你的机器人助手会做哪些工作使你的生活更轻松？

机器人　机械臂　无人机
驱动器　传感器
执行器　控制系统
人工智能
机器人车　纳米机器人

我们
工作吧！

你知道吗？

一位名叫凯文·沃里克的英国科学家在他的手臂神经中植入了一个计算机芯片。在2002年进行的一项实验中，他通过互联网控制了机器人的一只手。当他在美国移动他的手时，英国的一个机械臂也完成了同样的动作。未来，失去四肢的人可能会拥有和真人四肢一样有效的机械臂和机械腿。

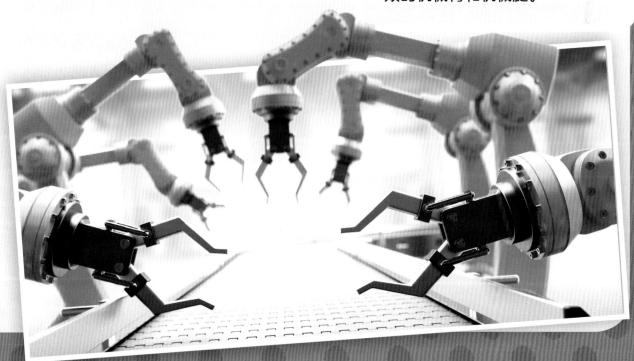

1 技术的本质：机器人

1.1 什么是机器人

本课中

你将学习：

➔ 什么是机器人，它是什么样子的。

螺旋回顾

在第 4 册中，你已经了解到微处理器内置在我们每天使用的机器和设备中。汽车、冰箱和电视机都有内置的微处理器。微处理器使设备具有更强大的功能，更易于使用。

微处理器使某类机器比其他机器更强大，更有用。那类机器就是机器人。在本单元中，你将学习机器人是如何工作的以及它们能做什么。

什么是机器人

机器人是人们为了完成特定工作而制造的一类机器。机器人必须被编程才能完成它的工作。一旦机器人被编程，它就可以在没有人类帮助的情况下完成自己的工作。

除非发生故障，否则被编程的机器人会自动完成工作。它不需要人来控制其行为。机器人不会对工作感到厌烦，不会犯错。机器人只有在出现故障时，才会需要人类的帮助。

机器人长什么样

当人们想到机器人时，常常把它想象成人。科幻电影中的机器人通常有胳膊、腿、身体和头。但在现实世界中，它不是这样的。

人形机器人

人形机器人是外形像人一样的机器人。有些机器人被做成人的样子。这类机器人用来参加比赛，像人类一样执行一些人类的日常任务。它们面临着挑战，比如爬一段楼梯，搬运饮料时不要把饮料洒出来等。

科学家使用这类机器人开发在未来生活中应用的方法。

机械臂

大多数机器人是用来替代人类完成工作的。人类使用手和胳膊完成大多数工作。为了完成同样的工作，机器人必须能像人的手臂一样移动。这就是为什么许多机器人看起来像人的手臂。

机械臂有可以弯曲和扭曲的关节，还有一个可以抓住物品的手。

非人形机器人

许多机器人可以完成人类的工作，但看上去并不像人类。例如扫地机器人和**机器人汽车**。看起来不像人类的机器，也可以称为机器人。

 **活动**

你自己发明一个用于清洁工作的机器人。为你的机器人取一个名字，列出它的主要功能和使用它做清洁的优点。

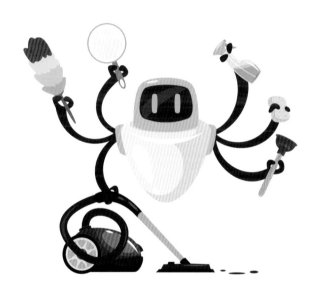

 额外挑战

设计一张海报宣传新的机器人清洁器。

 创造力

绘制机器人清洁器的图像，并将其放在海报中。

 再想一想

你的清洁机器人是不是人形机器人？你为什么做出这样的选择？

本课中

你将学习：

→ 机器人能做什么工作；

→ 如何用机器人制造汽车。

机器人能做什么工作

重复性任务

机器人可以做重复的工作。这意味着这项工作需要以相同的方式进行很多次。举个例子，用螺栓将车轮固定在汽车上。通常在汽车工厂里，每天约有八千个轮子装在汽车上。人类觉得这种工作很无聊。他们可能会感到疲倦，也可能会犯错或弄伤自己。但机器人从不感到无聊或犯错。

高精度工作

有些工作需要非常精确地完成。一个微小的失误就意味着整个产品都会报废，必须扔掉。制作微处理器涉及许多高精准的工作，故机器人被用于制造微处理器和其他电子设备，例如电视。

危险作业

机器人替代人类在危险的地方工作。例如，机器人可以执行太空任务。"旅居者号"和"探路者号"火星探测器就是机器人，用于探索火星表面。右图中的照片就是"旅居者号"火星探测器。

机器人也可在海底使用，用于勘探海底或检查和修理石油钻塔。机器人也可在含有化学物质或放射性物质的危险环境中代替人类工作。

下面是机器人和人类工作方式的主要区别。

机器人	人类
• 比人类更精确地完成工作	• 聪明——他们能找到更好的工作方式
• 不会感到无聊或疲倦	• 创造性——他们可以发明新东西，比如机器人
• 比人类工作速度快	• 解决问题
• 不会犯错误	• 有感情

汽车工业中的机器人

汽车不是由单独的机器人制造的。汽车沿着装配线移动，停在装配线的几个点上。在每一个点上，机器人一起工作制造汽车的组件。例如，一组机器人制造引擎，另一组则安装车门。

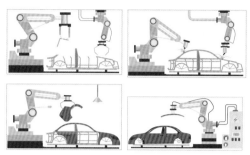

机器人需要协同工作，以确保每项任务都按正确的顺序执行。它们需要避免相互碰撞。这些一起工作的机器人被称为**协作机器人**。协作意味着一起工作。

喷漆

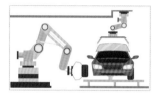

机器人可以给汽车喷漆，可以为汽车提供高品质的收尾工作。汽车上使用的油漆对人体有害，因此人类不必冒着健康风险去做这项工作。

 **活动**

制作一张题目为"机器人与人类"的海报。在海报上列出机器人和人类的优点，并展示海报。

 额外挑战

描述一个现实生活中利用机器人完成危险工作的例子。在网络上搜索示例，例如灭火、清除地雷和检查管道。是否能找到正在运行的机器人的图像或视频？

再想一想

研究机器人在汽车工业中的应用。找到机器人擅长的工作的例子。找到仍然由人类完成的工作的例子。把你的发现写在报告里。

未来的数字公民

研究人员认为，到2030年，机器人将取代全球8亿个工作岗位。人们需要接受培训才能从事新工作。其中许多工作将来自机器人行业。掌握最新的计算机技能将比以往任何时候都重要。你准备好迎接新的工作环境了吗？

本课中

你将学习：

➜ 机器人如何使用传感器、控制器和执行器完成工作。

什么使机器人工作

假如要求你把网球放在书上保持平衡，穿过房间时不能让球掉在地上。你怎样才能做到？

当你穿过房间时，球开始滚动，你的感官将警示你。你的大脑会想出阻止球掉下来的办法，会告诉你的肌肉如何移动手臂阻止球滚动。

机器人也是这样工作的。

- 机器人的**传感器**就像你的眼睛和耳朵。它们告诉机器人周围的世界正在发生什么。

- **控制器**是机器人的大脑。

- **执行器**是机器人的肌肉。它们可以让机器人移动。

传感器

机器人不像人类那样有眼睛和耳朵，而是使用称为传感器的组件感知世界。

- 摄像机就是机器人的眼睛。

- **距离传感器**告诉机器人物体有多远。

- **缓冲器**告诉机器人它和什么东西相撞了。

- **压力传感器**让机器人知道它正在接触某些东西。

- 探测化学物质的传感器给机器人嗅觉和味觉。

机器人使用各种传感器完成工作。

控制器

控制器是机器人的大脑。编程后的控制器可以完成特定的工作。机器人不能像人一样思考，它只能执行它被编程的指令。

执行器

机器人不像人类那样有肌肉和骨骼，它使用机械部件举起和移动物体。使机器人运动的机械部件称为执行器。机器人的执行器和你手臂中的肌肉可以执行相同的任务，例如举起和移动物体。

机器人吸尘器的工作原理

机器人吸尘器帮助打扫房子。马达是机器人吸尘器的一个机械部件。马达驱动轮子使机器人吸尘器在家里转来转去。

距离传感器测量房间后，机器人吸尘器可以根据测量数据计算出最佳路线。距离传感器使用光束计算距离。当光束击中固体时，它会反弹回传感器，反弹所需的时间告诉传感器光的传播距离。

一种称为缓冲器的传感器能检测清洁器是否碰到墙壁或家具。如果清洁器检测到碰撞，它将遵循算法，会转一个小弯，然后尝试继续移动。一旦找到一条清晰的路径，它就会继续清洁工作。

机器人吸尘器的底座上有一个**振动传感器**。如果传感器上有很多灰尘，它引起的振动会告诉机器人吸尘器该区域需要更多的清洁工作。

如果电池电量低，传感器会向机器人吸尘器发出警告。机器人吸尘器使用距离传感器找到充电装置，然后在继续清洁前先给电池充电。

活动

举两个机器人吸尘器使用传感器的例子。传感器是如何使用的？

再想一想 什么是执行器？为什么机器人需要执行器？

额外挑战

你见过咖啡店里的"咖啡师"吗？咖啡师是煮咖啡的人。机器人能做咖啡师吗？描述机器人咖啡师是如何使用传感器和执行器工作的。

1 技术的本质：机器人

本课中

你将学习：

➜ 控制回路的作用；

➜ 控制系统的用途。

什么是控制回路

如果你家里有供暖系统，你可能见过右图所示的控制器。

加热控制器可以让你设定理想的居室温度。假设你的理想温度是20℃，则加热控制器工作过程如下：

- 当加热器启动时，控制器发送一条信息打开加热器。

- 该信息发送给**温度传感器**。

- 温度传感器向控制器发回信息，告诉它房子里的实际温度。

- 当温度达到20℃时，控制器关闭加热器。

- 温度传感器不断向控制器发回信息。当温度降到20℃以下时，加热器就会重新打开。

下图是一个**控制回路**，它有时被称为**反馈回路**，传感器将信息反馈给控制器。

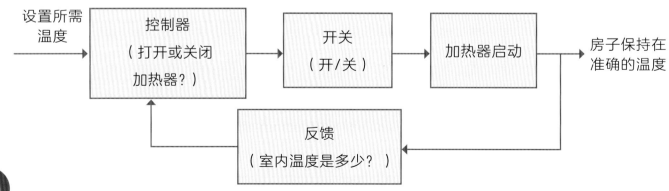

家用控制系统

许多住宅都安装了**控制系统**。这些系统控制温度、照明和安全。现代住宅可能安装了许多传感器，例如：

- 加热系统使用温度传感器。

- 警报系统使用距离传感器和压力垫来探测入侵者。

- 安全系统使用摄像机。

- 照明系统使用距离传感器来检测物体的移动。

当传感器检测到有人进入房间时，灯可以自动打开；当传感器检测到房间不再使用时，灯会再次关闭。当房子空着的时候，暖气可以保持在较低的水平；当人们在房子里面的时候，暖气可以保持温暖。

控制器是连接到互联网的，因此房主可以在任何地方控制系统。例如：暖气可以提前打开，这样人们到家时房子就已经暖和了；烤箱之类的设备可以提前打开，这样人们下班回家时食物已经煮熟了；如果检测到有人进入房间，则会向房主发送消息；安全摄像头可以在智能手机上查看；房主甚至可以查看冰箱里的东西，决定他们需要从超市买什么。

有控制系统的房子叫做**智能家居**。控制系统使生活更轻松，更安全，并减少能源消耗。

 **活动**

你和父母坐着你的机器人汽车回家。你可以向你的智能家居发送哪些信息，以便在你到家时那些智能家居设备做好欢迎的准备？

再想一想 一个反馈回路可以用来控制空调使家里保持低温。为此过程绘制反馈回路（或控制回路）。

额外挑战

使用你的程序设计技能来编写算法。该算法应描述供暖控制器如何将房屋中的温度保持在18℃。

1.5 和机器人一起生活

本课中

你将学习：

→ 机器人如何改变你生活的世界。

你已经学习了机器人如何帮助人们制造产品。机器人和控制系统使家庭生活更轻松。机器人被用于许多其他行业。

农场里的机器人

收割机、旋耕机和其他农业机械由机器人驱动。这些机械与驾驶员使用相同的**卫星导航**（satnav）技术在田地里行进。农民不必驾驶农用机械，因此有时间在农场上做其他工作。

无人机是不需要飞行员的直升机或飞机，由机器人控制。无人机被用来喷洒杀虫剂或化肥。

机械臂用于收获和包装农产品。机器人使用传感器来确定哪些农作物已经成熟。带有压力传感器的机械臂可以摘下精美的水果和蔬菜而不会造成损伤。

用机器人购物

越来越多的人在网上购买产品。网上商店把产品存放在大仓库里。在有人购买商品时，机器人会找到那些商品并完成包装。

网上商店正在尝试使用机器人车辆和无人机送货。一些地面商店正在使用机器人店员。它们在商店里四处走动，回答顾客的问题。

机器人和工作

有些人担心机器人会取代某些工作岗位，导致失业。还有人说，机器人和技术将取代一些工作岗位，但也会创造新的工作岗位。

- 机器人擅长需要快速准确地完成的重复性任务。机器人取代的许多工作都是低技能的。人们经常觉得那些工作压力大且无聊。

- 人们需要发明和制造新的机器人。制造机器人控制的机器需要新的工厂。安装机器人需要**计算机技术人员**。**软件工程师**编写程序来控制机器人。维修机器人需要技术人员。新工作往往是高技能和有趣的。

有人说，引进机器人将创造更多的新工作岗位，而不是失去工作岗位。

看看下面两条汽车装配线：一条是20世纪30年代工人完成所有工作的装配线，另一条是使用机器人的现代装配线。

描述一下你能看到的两张图片之间的区别。

再想一想　在这两条装配线中，你喜欢在哪一条装配线工作？解释原因。

额外挑战　研究在农业或零售业工作的机器人。这些行业使用的是什么样的机器人车辆和机器？

本课中

你将学习：

→ 未来机器人将如何发展；

→ 机器人将如何改变我们的出行方式；

→ 机器人将如何帮助医生。

人工智能

人类正在不断地开发机器人，使机器人表现得更像人类。这被称为**人工智能（AI）**。AI可以让机器人：

- 识别图片和语音；

- 学习更好的做事方法；

- 决定处理情况的最佳方法。

未来，机器人店员可能会从顾客的声音和脸部识别出他们的感受。机器人会根据顾客的外貌和声音采取不同的方法。

在教室里，机器人助手将了解你的进度以及学习方式。机器人助手将为你设置各个项目，并找到最适合你的学习资料。

机器人汽车

机器人汽车也被称为自动驾驶汽车。自动驾驶意味着汽车自动工作，不需要任何人的帮助。自动驾驶汽车不需要司机。它的传感器可以检测行人、其他车辆和路标。控制器根据来自传感器的信号操作油门、制动器和转向。

无论何时，机器人汽车都会有不同的方式来处理道路上的情况。例如，它是否需要刹车或转弯以避免碰撞？AI将帮助汽车做出最佳决策。

未来的汽车将与今天的汽车不同。自动驾驶汽车不再需要方向盘或踏板，不要求所有的座位都朝前。

医疗机器人

机器人已经被用于现代医院。扫描器可以产生我们身体内部的三维图像，这样医生就可以诊断病因。机器人帮助医生进行精细的手术，这类手术没有机器人仪器是做不到的。机器人可以帮助医生，但不能代替医生。

机器人护理助理对病人进行基本的健康检查。这些机器人已经能帮助照顾需要定期护理的老年病人。例如，一个叫Robear的机器人可以把病人抬上或抬下他们的床或轮椅。它使病人更舒适，并防止护士受伤。

科学家正在研究**纳米机器人**。纳米机器人是一种微型机器人。将来，纳米机器人可能会在病人的血液中工作，以对抗感染或进行精细的手术。

活动

开车旅行是我们做的最危险的事情之一。自动驾驶汽车会使驾车旅行更安全还是更危险？分小组讨论，然后写下你自己的观点。

额外挑战

对机器人汽车或医疗机器人进行更多的研究，做好笔记，找出例子、事实和图片。

探索更多

为你在本单元学习的机器人，例如家用机器人或机器人汽车选择一个用途。对于你的选择，请查找：

- 机器人使用示例；

- 机器人照片；

- 有趣的事实和数字。

回顾本单元的内容，并利用网络进行额外的研究。

以演示文稿、文字处理文档或网页的形式展示你的发现。

你已经学习了：

➜ 机器人是什么，它是如何工作的；

➜ 控制系统能做什么，不能做什么；

➜ 机器人现在能做什么以及它们是如何发展的。

活动

请你设计一个机器人。该机器人能向学生扔网球，帮助他们练习接球；它需要安全地投掷网球。

1.画机器人。标记机器人的至少一个用于传感的部件，至少一个用于移动的部件。

2.描述机器人确定抛球的位置和距离所需的传感器。描述机器人是如何投球的。

3.机器人需要知道学生是否接到球。机器人需要什么类型的传感器？这个问题有不止一个正确答案。

如果你完成了上述活动并希望进行额外挑战，请尝试以下操作：

4.机器人可以把球扔到不同的地方——有时向左，有时向右，有时较高，有时较低。但扔得不能太远，不至于让学生抓不到。你要做怎样的改变使机器人能以这种方式工作？

5.机器人可以使用人工智能来锻炼接球手的技能。机器人将通过学习发现接球手容易或难以接球的位置。例如，如果机器人发现接球手很难接到高球或向左的球，则可以使接球手专门练习此类投掷。编写算法来说明你的机器人将如何工作。

测试

❶ 什么是机器人？

❷ 给出一个可能在某人家中使用的控制系统的例子。

❸ 什么是距离传感器？为什么机器人会使用距离传感器？

❹ 为什么机器人比人类更擅长做重复性任务？

❺ 描述一下你从自己的研究中发现的一些关于机器人的信息——它们现在是如何使用的，或者将来可能会被如何使用。

自我评估

- 我回答了测试题1和测试题2。

- 我完成了活动1。

- 我回答了测试题1～测试题4。

- 我完成了活动1和活动2。

- 我回答了所有的测试题。

- 我完成了活动1～活动3。

重读单元中你不确定的部分。再次尝试测试题和活动，这次你能做得更多吗？

数字素养：制作网页

你将学习：

→ 如何在使用计算机时表现出尊重；
→ 如何创建包含文本和图像的简单网页；
→ 如何检查和改进网页。

　　万维网（也称为"网络"）是我们生活的重要组成部分。它给了我们工作、学习和享受闲暇时光所需要的信息。任何人都可以创建网页。一个网页可以让你与世界各地的人分享你的知识和经验。在本单元中，你将学习如何创建网页。

谈一谈

　　什么是尊重行为？课堂上的尊重行为如何有助于学习？当你使用计算机时，你的行为是否应该与你在日常生活中的行为有所不同？

学习成果：创建一个包含文本和图像的简单网页；查看你创建的网页内容，检查是否合适，并在需要时进行修改；在使用计算机时要负责任并尊重他人。

课堂活动

看看这些网页图片。一个是历史上科学家创建的第一个网页，另一个是现代网页。你能分辨出来吗？

- 自从1991年网络发明以来，网站发生了怎样的变化？

- 你认为它们变好了吗？

你知道吗？

万维网发明于1991年。第一个网页已经保存。查看info.cern.ch网页，然后单击页面上列表中的第一个链接。它被称为"浏览第一个网站"。当你访问这个网站时，你会看到整个万维网，就像1991年一样。今天，全世界有将近20亿个网站！

2.1 做尊重他人的计算机用户

本课中

你将学习：

→ 课堂上负责任的行为如何使课堂成为一个更好的学习场所；

→ 使用互联网时，尊重他人是很重要的。

使教室成为更好的学习场所

使用计算机学习很有趣。当我们表现出对他人的尊重时，教室将成为一个更好的学习场所。你应该对你的老师和同学表现得很尊重。你应该小心对待设备。请记住，在你使用完设备后，其他人也将使用该设备。

本单元为你提供正确使用计算机的一般指南。你们学校有自己的规则，一定要了解。

对老师要有礼貌

从事计算机项目通常意味着你独自工作或在一个小组中工作。有时你的老师需要和全班同学讲话。当这种情况发生时，应停止打字，转身面对你的老师。

计算机和设备共享规则

请记住，你正在与其他同学共享计算机和设备。使用完设备后，应确保设备整洁，位置正确。以下是一些一般规则：

- 在共用设备时要耐心，轮流使用。

- 使用设备的时间不要太长，超过了你实际需要。

- 未经允许不得调整设备。

- 如果设备坏了或需要注意，告诉你的老师。

- 让一切东西都保持原状。

- 保持你的工作区域整洁。不要在计算机前吃喝。溢出的饮料在电气设备附近可能很危险。

负责任地使用在线技术

在线行为

- 要有礼貌。想想如果你收到了邮件或信息会有什么感觉。在网上与人沟通就应该像面对面交谈一样。

- 报告你看到的任何令人害怕或不安的事情。

- 帮助他人报告问题。

- 报告任何看似危险的行为。

注意安全并帮助他人保证安全

如果同学在使用软件应用程序或编写程序时遇到问题，最好能给予帮助。如果有人问你，请给予解释，但不要接手。不要碰你同学的计算机，你可能会把问题弄得更糟。提供建议，让你的朋友自己解决问题。

看这张不整洁的工作区的照片。当你到达教室开始上课时，你希望计算机教室看起来怎么样？不整洁的工作区会导致什么问题？列举由于计算机设备损坏或丢失而导致工作困难的例子。

 额外挑战

找一个小伙伴配对练习。坐在计算机前，让你的小伙伴帮你解决一个问题。例如，你可以要求他解释如何创建新文件夹。

让你的小伙伴解释任务并帮助你，然后讨论一下你的小伙伴有多乐于助人。你有没有对一些问题困惑过？你的小伙伴能解释得更好吗？现在交换位置，这样你就能帮助别人了。

再想一想

你注意到一个同学对他在屏幕上看到的内容感到不安，你能怎么帮助他？

2.2 网页的组成部分

本课中

你将学习：

➔ 识别组成网页的各部分。

在本单元的后面部分，你将创建自己的**网页**。在你创建网页之前，想想网页是什么，包含哪些部分或组件。

网页的组件

标题：这些简短的描述告诉你一个网页或文本是关于什么的。**标题**比普通文本大，所以它很突出。

图像：大多数网站使用**图像**和文本。图像可以是照片、图画或动画。图像使网页更有趣，更容易理解。

链接：当你单击网页上的一个**链接**时，你会离开你所在的网页，进入一个新的网页。你可以使用链接来查找有关某个主题的新信息。链接也称为超链接。超链接可以是文本或图像。

标志（logo）：大多数网站都使用**标志**。标志告诉你谁拥有这个网站。如果网站是由一家公司拥有的，公司标志通常会出现在网页的顶部。

菜单：菜单可以帮助你在组成一个网站的网页上找到自己所需的信息。单击一个菜单选项可以直接进入网站的另一部分。

文本：文本用于网页上提供信息或指示。文本应清晰，与页面主题相关。太多的文字会使网页难以阅读，从而使读者望而却步。

设计网页

在开始创建网页之前，先制订一个计划。画一个简单的轮廓图，显示网页组件的布局。开始用一个矩形表示计算机屏幕。然后将矩形分割成更小的部分，以显示图像、文本等的放置位置。这种类型的设计称为**线框**。

你的学校想在网站上添加一个新页面。该网页将告诉家长一个新体育馆正在建设中。该网页应包括学校的标志、一张显示新体育馆外观的图片和描述健身房的一段文字。使用线框设计页面。

 额外挑战

你需要对你的网页设计进行一些更改。现在的网页应该包括学校的标志、两张图片（分别显示体育馆内部和外部）、描述体育馆的文字和页面标题。

 创造力

一些互联网公司的标志已经变得非常有名。设计一个标志，可以在你的网站上使用。

 再想一想

打开一个你经常在家或学校工作时使用的网页。找到该网页的6个组件。

本课中

你将学习：

→ 如何创建网页；

→ 如何在网页中添加文本。

网页编辑器

你可以使用一个称为**网页编辑器**的应用程序来创建网页。你的老师会告诉你在学校里使用哪种网页编辑器。有免费的网页编辑器，你可以在家里使用。这个单元使用一个称为Wix的网页编辑器。在家使用网页编辑软件前，请先征得家长的同意。

网页的不同部分

网页有三个部分。

页头：网页顶部的区域。页头用于标志（logo）和网页名称。

正文：网页的主要部分。它包含你要共享的文本和图像。

页脚：网页底部的一个区域。如果你查看大多数网页的底部，将看到页脚用于指向网站文档和政策的链接。本单元不使用页脚。

入门

当你第一次打开网页编辑器时，将要求你创建一个新网站。创建网站时，系统将要求你为网站选择模板。选择空白模板。使用空白模板将使你更容易学习网页设计的基础知识。

在页面中添加文本

1.从屏幕左侧的工具栏中选择Add（添加）选项。

2.从Add菜单中选择Text（文本）。

3.如果要添加文本，请从列表中选择段落样式；或选择标题样式，以添加标题。

4.你的网页上将出现一个框。将框拖动到页面所需的位置，然后在里面输入你的文字。

示例网页

下面是一个网页示例。请注意，主页标题"与机器人一起生活"位于虚线上方。这意味着它在页头中。其余的文本在页面的主体部分——在虚线下面。

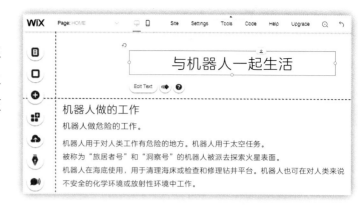

 活动

设计自己的网页。它可能与机器人有关，也可能与你选择的任何其他主题有关。选择页面标题。绘制线框图，以显示标题、文本和图像的放置位置。

保证安全并负责

当你发布一个网页时，世界上任何人都可以阅读它。不要在你的网页上包含个人详细信息。你必须保护你的全名、地址和电话号码等信息。不要包含任何能让别人识别或定位你的信息。

 活动

使用网页编辑器创建网页。添加页面标题和带有标题的文本。

 额外挑战

在你的网页上添加一个标题为"你知道吗？"的文本框做一些调查，在文本框中添加一个关于你的主题的有趣的事实。

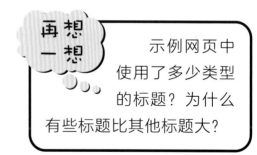
再想一想 示例网页中使用了多少类型的标题？为什么有些标题比其他标题大？

⏻ 未来的数字公民

人们经常使用网站来查找信息。其他人则通过自己的网站和社交媒体页面分享信息。将来你将如何利用网络来分享你的知识？

2.4 为网页添加图像

本课中

你将学习：

→ 如何为网页添加图像。

选择合适的图像

为网页添加图像会使网页更加有趣，还可以使网页更容易理解。确保选择与网页上的文本匹配的图像。

保证安全并负责任

小心在网页中添加图像。例如，不要添加自己的照片。如果你觉得有一个很好的理由在网页中添加自己的照片，应该先和一个成年人聊一聊。未经允许，不得在网页中包含朋友或家人的照片。

示例网页

在上一课中，你学习了如何在网页中添加文本和标题。"与机器人一起生活"的例子向你展示了如何在网页的主体和页头中定位文本和标题。

下图是添加图像后的Living with robots（与机器人一起生活）网页的外观。该页面已添加了两幅图像。logo已添加到网页标题的左侧。logo在页头中。在页面的正文中，图像已添加到文本的右侧。

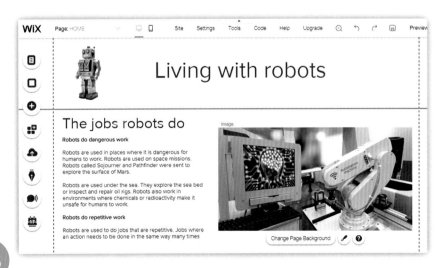

如何在网页中添加图像

下面是在你自己的网页上插入图像的步骤。请记住，本书中使用的网页编辑器是Wix。如果你使用不同的网页编辑器，菜单和工具栏可能会略有不同。

1.从屏幕左侧的工具栏中选择Add an Image（添加图像）选项。

2.此活动使用Free Wix Images（免费Wix图像）选项。

3.选择要添加到页面的图像。

4.调整图像大小，把它拖动到位。

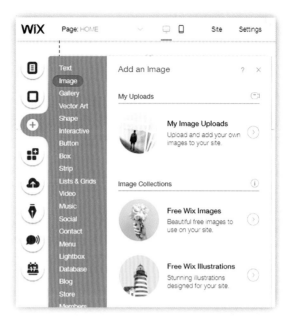

活动

打开上一课中创建的网页。

选择与页面上的文本匹配的图像，在页面正文中添加图像。

额外挑战

在上一课中，你在网页中添加了"你知道吗？"部分。

在网页上搜索适合此部分的图像，将图像添加到"你知道吗？"部分。

再想一想

下面是一个关于机器人的网页上的两段话。你会选择哪个图片（A、B或C）来说明每个段落？

- 机械臂有关节。关节像人的手臂一样扭曲和弯曲。机器人手臂可以做人类用手臂做的工作。

- 机器人用于制造汽车。在汽车工厂里，机器人分队工作。每个机器人依次完成自己的工作。

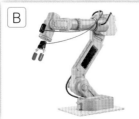

你将学习：

➜ 如何为网站添加新网页；

➜ 如何为网页添加菜单。

在本课中，你将为Living with robots（与机器人一起生活）网站添加另一个网页。此网页将被称为Robot Gallery（机器人画廊）。

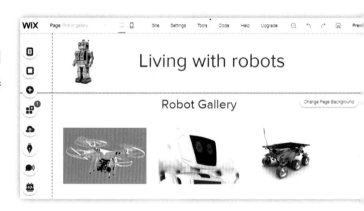

如何添加新网页

下面介绍如何添加新网页。

1. 从屏幕左侧的工具栏中选择Menus and Pages（菜单和页面）选项。

2. 单击屏幕底部的Add Page（添加页面）。

3. 为新页面键入一个名称（本例是Robot Gallery）。

如果要在网页编辑器中的页面之间移动，请选择Menus and Pages选项。单击一个页面名称，转到该页面。

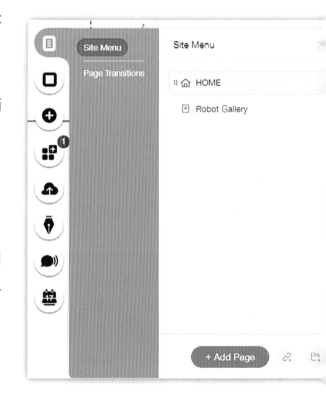

你的网站

你的主页

你应该看到网站菜单上列出了两个网页——HOME（主页）和Robot Gallery（机器人画廊）。

网页的集合称为网站。你现在已经创建了一个网站！你创建的第一个页面始终称为"主页"。这就是主页。主页是人们访问网站时首先看到的内容。

页头

创建主页时，在页头中添加了网页名称和标志（logo）。

创建新页面时，主页页头中的信息将自动插入新页面的页头中。

如何链接页面

当有人访问你的网站时，他们会首先看到主页。如果你想让访问者看到Robot Gallery（机器人画廊）页面，必须创建一个到达该页面的链接。访问者单击这个网页链接就能访问你的图库。有几种方法可以从一个页面链接到另一个页面。在本课中，你将使用菜单。

如何在网页中添加菜单

1. 从屏幕左侧的工具栏中选择Add（添加）。

2. 选择Menu（菜单）选项。

3. 选择要添加到页面的菜单样式。

4. 你的网页上将出现一个菜单。将其拖到页头中。

要查看菜单的效果，请使用Preview（预览）按钮。此按钮显示页面在浏览器中的外观和工作方式。

活动

创建一个新网页，并给它起一个标题。在页面中添加两三个图像。在页面正文中添加标题。

额外挑战

在主页上添加菜单。它应该链接你的主页和新网页。

使用Preview（预览）按钮测试菜单的效果。

再想一想

创建一个名为"你知道吗？"的新页面。研究一些关于你所选主题的额外知识，并将它们添加到页面中。使用Preview（预览）测试菜单。

本课中

你将学习：

→ 如何审阅网页；

→ 如何改进网页。

审阅网页

在创建文档时，重要的是要审阅或检查你的工作。如果你的工作中有错误，就会给人留下不好的印象。

检查拼写

网页编辑器可能有**拼写检查器**。拼写检查器将帮助你检查页面上的拼写和标点符号。

即使你的网页编辑器有拼写检查器，也要仔细检查你的文本。请记住，拼写检查器会忽略拼写正确但在句子中错误使用的单词。例如，"机器人从不厌倦**那里（there）**的工作"。在这个例子中，正确的单词是"它们的（their）"。

你的文字清楚吗

你的文字说清楚了你想说的吗？如果你保持句子简短，对读者会有帮助。尽量确保每个句子都有一个要点。

请别人读你的文本。如果你写的东西是混乱的，他们可以告诉你。

图像

当你检查图片时，要考虑下列要素。

● 图像质量高吗？

● 图像的大小和位置是否准确？

● 图像是否使网页上的文字更明白？它们有助于理解页面上的文字吗？

如果你使用了其他人的图像，请一定标明出处。

你的页面外观怎么样

重要的是你的网站应该好看。一个现代化的网页编辑器将帮助你创建一个专业的网页。下面是你在创建网页时要考虑的一些因素。

- 你是否一直使用同样的字体和文本大小？别用太多的不同字体和大小！

- 你用的颜色搭配得好看吗？避免使用太多鲜艳的颜色。

- 标题有助于理解这一页的内容吗？

- 你的页面上的项目是不是太拥挤了？或者它们相隔太远了吗？

请其他人查看你的页面，并回答这些问题。他们可能有一些想法能帮助你改善页面的外观。

链接有效吗

检查页面上的链接和菜单，以确保它们可以正常工作。应该清楚页面上的链接以及链接的位置。

活动

使用本课中的指导原则，创建用于审阅网页的检查表。检查表需要列出你将要进行检查的项目。例如，"检查拼写和标点符号"。使用文字处理器编写清单。

和同学核对你的清单，确保没有遗漏任何东西。无论何时查看网页，都要使用检查表。

额外挑战

找一个小伙伴配对练习，互相审阅对方的网页。

写一篇关于小伙伴网站的简短评论，把你认为网站应该做哪些改变的想法告诉他。

根据小伙伴的评论做出你认为需要的改变。

探索更多

使用检查表查看你创建的主页。请你的家人也来看看。他们能提出改进的方法吗？完成你们讨论的更改。

测一测

测试

想想你做的一个网页。现在回答关于你做了什么的问题。

❶ 描述你添加到网页的内容。

❷ 描述你在网页上发现的错误，以及你是如何改正的。

❸ 描述你用来制作网页的文字和图片。

❹ 解释你对网页所做的改进。这个改进是如何使网页变得更好的？

❺ 描述你在网页上选择的标题。给出你选择的理由。

❻ 说明如果你有更多的时间，你会对你的网页做什么改变或改进。

活动

班上每个人都做了一个网页。看看你班上某个人做的网页。

1.使用网络浏览器浏览网页。为你看到的东西写一个简短的描述。

2.写一个简短的网页评价。说说你喜欢的内容，以及你可以添加或更改的内容。

3.使用技术手段发送你的反馈。例如，你可以发送电子邮件或在网页上添加评论。

自我评估

- 我回答了测试题1和测试题2。

- 我完成了活动1。我用计算机工作很有礼貌。

- 我回答了测试题1~测试题4。

- 我完成了活动1和活动2。我负责任地在网上工作，尊重他人。

- 我回答了所有的测试题。

- 我完成了所有的活动。我使用在线技术提供支持性反馈。

重读单元中你不确定的部分。再次尝试测试题和活动，这次你能做得更多吗？

计算思维：算法和程序

你将学习：

→ 如何编写算法来解决问题；

→ 如何发现和修复算法中的错误；

→ 如何适应、改进和重用算法；

→ 如何把算法变换成程序。

中文界面图

在本单元中，你将编写解决简单问题的算法和程序。算法是解决问题的计划，按顺序列出解决问题的步骤。程序员使用算法来规划他们的工作。算法可以转换成程序。

程序员非常努力地工作。他们必须迅速产出成果。重要的是要保证程序没有错误和问题。程序员的工作方式可以帮助他们应对这些挑战。

例如，他们

- 重用他们曾经制作的代码；

- 使工作程序适应新的用途；

- 团队合作，分享程序思路。

你将在本单元中学习更多关于这些工作方式的知识。

谈一谈

几乎所有的程序员都是以团队合作方式开发软件。其他许多职业也都需要团队合作。你喜欢团队合作吗？团队合作的好处和坏处是什么？

学习成果： 用逻辑推理来编写一个解决问题的算法。

课堂活动

小组合作或全班合作。你以前用过Scratch吗？你用Scratch做了什么程序？列一个你班上同学做过的所有Scratch程序的清单。如果有时间，做海报或图画来记录你过去的工作。

如果你以前没有使用过Scratch，请查看Scratch网站，看看其他中小学学生编写的程序，你可以运行程序；还可以查看程序命令。

跟踪　需求
算法　重用
重新调整用途　平均的
计次循环

你知道吗？

　　有些算法非常复杂，它们以复杂的方式处理成千上万的输入。它们甚至可以产生输出，就像是由人类写的。一个例子是算法新闻（也称为自动新闻或机器人新闻）。计算机算法将扫描大量数据，找出关键点和事实，并输出一篇简短的报纸文章。研究表明，读者并不是总能分辨出一个人写的文章和一个算法写的文章之间的区别。

3 计算思维·算法和程序

35

3.1 简单的计划

本课中

你将学习:

→ 如何简化问题;

→ 如何规划问题的解决方案;

→ 如何编写与计划相匹配的程序。

中文界面图

螺旋回顾

在本课中,你将规划一个简单的算法,然后编写一个实现这个算法的程序。如果你对如何设计算法或编写Scratch程序没有把握,请复习第5册中相关内容。

程序需求

当你计划和编写一个程序时,必须首先知道**程序的需求**是什么。这个需求告诉你程序必须做什么。

以下是一个需求示例:

- 把用户输入的10个数字相加,算出总数。

在本单元中,你将制作一个满足此需求的程序。

从简单的开始

有时很难知道从哪里开始解决问题。一个好方法是从问题的简单版本开始。程序员可以编一个程序来解决这个简单的问题,然后他们会添加额外的功能。

这就是你要用的方法。让我们先做一个程序来解决这个简单的问题:

通过将用户输入的**一个数字**相加来计算总数。

规划变量

程序必须有变量。它们将存储数值。

- Scratch有一个现成的变量叫做answer(回答)。它是浅蓝色Sensing(侦测)积木块之一。它存储用户输入的数值。

- 你需要另一个变量。它存储总数。总数的初始值为0。

36

创建算法

现在你已经做了所有的决定，你已经做好了编写一个**算法**——解决问题所需的一组步骤的准备。当你编写程序时，算法就像计划。

算法如下所示：

将总数设置为0

输入一个数字

把数字加到总数上，得到新的总数

输出总数

创建程序

现在你将创建一个Scratch程序来实现此算法。你需要Scratch技能。

你必须知道如何完成下列操作：

- 生成变量；
- 设置变量的值；
- 使用ask（问）积木块获取输入；
- 使用运算符添加和连接值；
- 使用say（说）积木块显示程序输出。

如果你记不起怎么做这些操作，请复习第5册。

完成的程序，如右图所示。

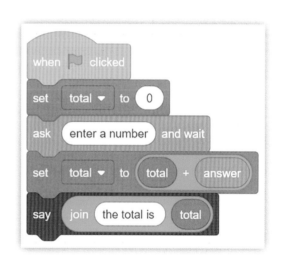

活动

完成本页所示的程序。运行程序并更正所有错误。保存你的工作。

再想一想

Operator（运算符）积木块是什么颜色的？这个程序使用哪两个运算符？

额外挑战

如果有时间，调整程序，以便用户输入两个值。每一个值都加到总数上。

本课中

你将学习：

→ 如何使用循环来扩展简单计划。

中文界面图

程序要求

在上一课中，你构建了程序来满足简单的需求：

● 通过将用户输入的一个数字相加来计算总数。

现在你将扩展它以满足全部要求：

● 把用户输入的10个数字相加，算出总数。

循环

程序必须添加一系列数字。你想要程序一遍又一遍地执行同样的任务，有一个程序结构——循环，它完美地完成了这样的任务。循环中的任何命令积木块都会一次又一次地重复。

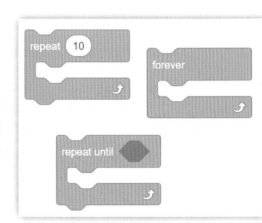

这里显示了Scratch的几种循环类型。

你将使用的循环类型可以计算重复的次数。当达到设置极限时，循环将停止。这种类型的循环称为**计次循环**或**固定循环**。哪个积木块是计次循环？确保你知道这个知识。

更改程序计划

哪些程序命令进入循环？哪些命令在循环之外？如果你从逻辑上考虑，则可以得出答案，如下表所示。

命令	如果这个命令不断被重复	决定
设置总数为0	每次总数都会回到零	不要将此命令放入循环中
输入一个数字	用户将依次输入几个不同的数字	一定要把这个命令放在循环中
将数字添加到总数中	每一个数字都会加到总数上	一定要把这个命令放在循环中
输出总数	总数会一次又一次地显示出来	不要将此命令放入循环中

修正算法

新算法如下。循环中的命令以缩进方式显示。

将总数设置为0

循环下列命令10次

　　　输入一个数字

　　　把数字加到总数上，得到新的总数

输出总数

修订方案

右图是实现修正算法的程序。它包括一个计数为10的计次循环。你可以数到你喜欢的任何数字。数字越小，重复次数就越少。这意味着程序将更快地完成。

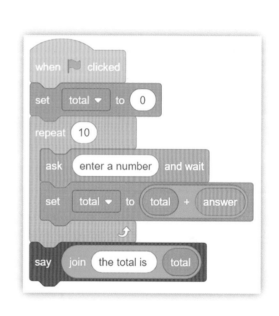

编写本页显示的具有循环的程序。运行程序并更正所有错误。检查总输出。根据输入的数字计算得出的值是否正确？保存你的工作。

你可以使用计次循环或条件循环完成此程序。但是，不能使用永久循环。为什么不能使用永久循环呢？

额外挑战

调整程序，使其重复输入并求和，直到总数大于50。

本课中

你将学习：

→ 如何检查算法的错误。

中文界面图

故意的错误

这是一个故意插入错误的算法。你能发现错误吗？你认为这会有什么影响？

将总数设置为0
循环下列命令10次
　　把数字加到总数上，得到新的总数
　　输入回答值
输出总数

发现错误

右图中显示了实现该算法的Scratch程序。如果你编写并运行了这个程序，你会发现你没有得到正确的结果。

你可以用逻辑推理找出算法中的错误。思考每个命令及其作用。必须在循环之前、循环内部和循环之后思考所有命令及其作用。

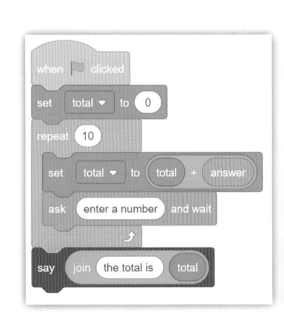

循环前

在循环之前，总数设置为0。这是正确的命令。在程序开始时，添加任何数字之前，总数应为0。

循环中

在循环中，你将看到这两个操作的命令：

* 把总数加到回答值上，得出新的总数。

* 输入回答值。

这两个命令的次序颠倒了。变量answer值在输入之前就被加到总数上。

循环后

循环结束后，输出总数。这是正确的命令。

顺序

通过逻辑推理，我们证明了错误发生在循环内。循环内命令的次序颠倒了，它们顺序不对。**顺序**是指命令的顺序。

- 第一个add（加）命令将不添加任何内容，因为answer（回答）尚未给定值。

- 最后一次的输入值不会加到总数中。

以下是命令顺序正确的算法。

将总数设置为0
循环下列命令10次
    输入数字
    把数字加到总数上，得到新的总数
输出总数

右上图显示了基于此算法的Scratch程序。这个程序工作正常。

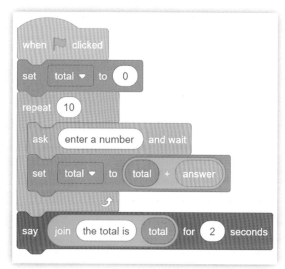

活动

1.设计一个故意带有错误的算法。

- 运行程序。

- 输入从1到10的数字。

- 你得到了什么答案？答案正确吗？

2.现在设计一个解决了问题的算法。运行程序，输入从1到10的数字。这次你得到了什么结果？

额外挑战

循环开始处的数字设置了循环重复的次数。如果将该数字更改为0，会发生什么呢？看看你能不能找出答案，然后尝试将这个改进应用到算法中，看看你的答案是否正确。

探索更多

此算法中的第一个积木块将总数重置为0。你认为如果把这个积木块删除会怎么样？编写一个带有这个错误的程序。多次运行程序，看看会发生什么。解释你发现了什么。

本课中

你将学习：

➜ 如何对算法进行更改以满足新的需求。

中文界面图

如何节省时间

编写计算机程序是一项很繁重的工作。因此，程序员应该重新使用他们的程序，或重新调整其程序的用途。

- **重复使用**意味着为完成新任务使用相同的程序。例如，一个程序员为一家餐馆编写了一个程序来计算账单。他在超市里重复使用同样的代码来计算账单。

- **重新调整用途**意味着对一个程序进行一些更改，以便它具备新的功能。例如，一个程序员编写了一个程序，在发票上加17%的销售税。他将其重新用于另一家希望在发票上增加10%服务费的企业。在实际生活中，物品也可以改变用途，如在右图中，一个塑料瓶被改变用途，变成了一个种植花草的容器。

优势

为什么程序员要重新使用代码，重新调整代码的用途？这样做有几个优点。

- **节省时间和减少工作量**：与编写一个全新的程序相比，对一个程序进行小的修改所花费的工作和时间更少。

- **减少出错的风险**：你已经检查了程序的错误。你已经使用过这个程序，所以你知道它是有效的。重新调整程序的用途与编写新程序相比风险更小。

- **团队合作**：程序员经常需要团队合作。与他人分享你的程序是团队合作的好体现。

新需求

你已经编写了一个程序，把一系列的数字加起来求总数。现在你将重新调整该程序的用途来计算平均值。

平均值是这样计算出来的：

- 计算一系列数字的总和；

- 除以参与求和数字的个数。

如何更改程序

你必须调整程序。

1.创建一个新变量来存储平均值。

2.计算平均值。

3.输出平均值。

创建新变量

你已经学习了怎么创建一个变量。为程序创建一个名为"average（平均值）"的新变量。

计算平均值

你知道平均值是由总数除以输入数字的个数得到的。

● 总数作为变量存储。

● 循环重复10次，因此输入数字的个数是10。

因此，平均值是总数除以10。下面是设置此值的积木块。

输出平均值

更改程序，使其不输出总数，而是输出平均值。

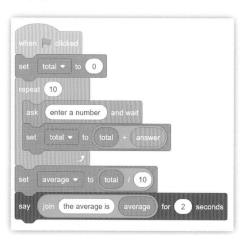

编写本页显示的程序。运行程序并更正所有错误。使用新文件名保存你的工作。

再想一想

用你自己的话，向程序员解释重新使用程序和重新调整程序用途的好处。

额外挑战

这个程序允许用户正好输入10个数字。调整程序，让程序询问用户要输入多少个数字。

本课中

你将学习：

➔ 如何把算法变换成程序。

中文界面图

为什么使用算法

在本课中，你将得到一个现成的算法。下面介绍如何将算法转换为Scratch程序。

有很多不同的编程语言，例如Scratch。算法可以转换成用任何编程语言编写的程序。

你已经了解了程序员如何重新使用代码和重新调整代码的用途。他们还可以重新使用算法或重新调整算法的用途。这节省了时间，使程序员更容易分享想法。

如何将算法转换为程序

算法

以下是你将使用的算法：

将counter（计数器）设置为0

循环直到输入X

    输入一个值

    counter加1

输出counter

此程序统计用户输入的值的个数。如果用户输入值X，程序将停止。

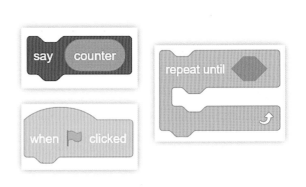

匹配程序积木块

这些图片显示了你需要的程序积木块。

将每个积木块与算法的一行匹配起来。

构建程序

如果已将积木块与算法的行匹配，则现在可以按正确的顺序将所有积木块"装配"在一起。

活动

编写一个统计输入值的个数的程序。使用上一页显示的积木块。

额外挑战

调整程序以向用户添加有用的消息。

- 告诉用户程序统计输入值的个数。

- 告诉用户他们可以通过键入X来终止程序。

- 更改最后一条消息，以便角色显示Number of inputs和计数器的值。

再想一想

此算法统计用户输入的值的个数。其中包括最后停止循环的X。

假设程序员不想在最终计数中包含输入的X，怎么修改程序来实现这一点呢？

未来的数字公民

重要的是，算法的设计要公平，要平等对待所有人。例如，一所医学院使用一种算法来帮助决定谁应该获得成为医生的培训。算法对所有候选人都公平是很重要的。算法的输入是考试成绩和志愿工作经历等因素。算法没有输入家庭背景或性别等因素，这些因素不会影响你是否适合当医生。

中文界面图

组合算法

程序员想要：

- 节省时间；

- 减少工作量；

- 降低出错的风险；

- 帮助团队中的其他人。

一种方法是从他们已经编写的程序中"借用"命令和结构。程序员可以组合来自多个程序的命令来完成新任务。在本课中，你将看到一个示例。

已编写的程序

在本单元中，你已经编写了以下程序：

- 使用条件循环统计输入的值的个数（3.5课）；

- 使用计次循环计算平均值（3.4课）。

现在你将编写一个程序，该程序组合了这两个程序的功能。它将使用条件循环计算平均值。

如何组合已编写程序的功能

统计输入个数的程序

加载统计输入个数的程序。

你将看到此版本经过了调整，它不会将最终输入的X作为值之一。确保你的**程序**按右图所示进行改编。

添加"借用"的命令

现在你将向程序中添加一些新命令。你将"借用"在以前的工作中开发的命令。以下是你需要做的事情。

- 创建一个名为total（总数）的变量和一个名为average（平均值）的变量。

- 将total设置为0。

- 将每个输入值添加到total（循环内）。

- 在程序结束时，将average设置为total除以counter。

- 输出average的值。

这些都是你以前做过的工作。回想一下是怎么做的。

需要的命令

你需要的所有积木块都显示在右侧。将这些积木块放入"计数器"程序，以完成任务。

完成的程序

完成的程序使用条件循环计算平均值。它组合了你以前编写的两个程序中的命令。

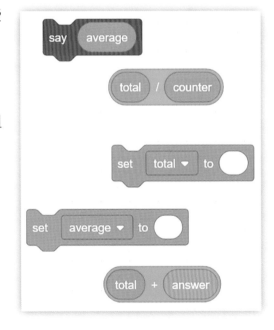

 **活动**

编写一个程序，使用条件循环计算平均值。运行程序，并更正所有错误。保存你的工作。

 额外挑战

调整程序，使其输出三个结果：

- 值的个数；

- 所有值的总和；

- 平均值。

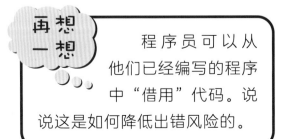

再想一想 程序员可以从他们已经编写的程序中"借用"代码。说说这是如何降低出错风险的。

测一测

你已经学习了：

→ 如何编写算法来解决问题；

→ 如何发现和修复算法中的错误；

→ 如何适应、改进和重用算法；

→ 如何把算法变换成程序。

中文界面图

测试

要求一个学生编写一个程序。要求如下：

总数设为100。用户输入5个数值。从总数中减去每个数值。程序结束时，输出总数。

这个学生决定先编写程序的简化版。其算法如下：

将tatal（总数）设置为100

从 tatal中减去输入的数

要求用户输入一个数

输出总数

这个算法有一个错误。

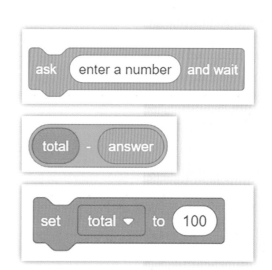

❶ 设计一个无错误的算法。

❷ 当学生将算法转换为程序时，他们将使用右图所示积木块。说出每个积木块的功能。

❸ 设计一个从总数中减去5个数的算法。

❹ 设计一个算法，循环从总数中减去数，直到总数小于0。然后输出总数。

当你完成测试时，你设计了一个算法。现在你将把算法变换成程序。

1.编写一个程序来实现你设计的算法。如果你设计了不止一个算法，就使用最后一个算法。

2.扩展或修改程序，使其从总数中减去输入的数，直到用户输入数字0。然后程序输出最终的总数。

3.扩展或改变程序，使其统计被减去数的个数，并在最后输出这个值，以及最终的总数。

自我评估

- 我回答了测试题1和测试题2。
- 我编写了一个有用的程序。
- 我回答了测试题1~测试题3。
- 我做了活动1和活动2。
- 我回答了所有的测试题。
- 我完成了所有的活动。

重读单元中你不确定的部分。再次尝试测试题和活动，这次你能做得更多吗？

编程：青蛙迷宫

你将学习：
- → 如何编写程序来控制屏幕上物体的移动；
- → 如何利用条件和测试使物体避开障碍物；
- → 如何在模块中存储有用的命令；
- → 如何组合模块来编写程序。

在本单元中，你将开发一个简单的计算机游戏。青蛙会通过迷宫得到生日礼物。它必须避开试图抓住它的蛇。

本单元介绍一种新的编程方式。你将制作一个模块。一个模块存储几个程序命令。使用模块可以使你的程序更短，更易于阅读。

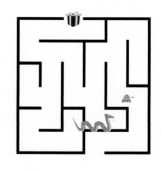

课堂活动

两人一组。想象你们中的一个是机器人。编写一个算法，引导机器人从教室走到学校的户外区域。用你的常识选择一条合适的路线和目的地。

- 你们中的一个应该能领会算法中的指令。"机器人"应该遵循指示。记住，"机器人"不要用自己的判断，只能遵循算法。

- 回顾发生的事情。算法是有效的还是需要改进的？

- 交换角色。

把你的经历写下来或报告给全班其他同学。

学习成果：编写一个控制或模拟运动的程序；把问题分解成更小的部分来分步解决。

你知道吗？

　　在本单元中，你将在计算机屏幕上控制物体的移动。这是一项任何人都可以做的活动，只要他们有一台计算机。然而，Scratch也允许你编写程序来控制真实对象，例如简单的机械装置的移动。为了实现这些功能，Scratch已经与LEGO和Micro:bit Educational Foundation展开合作。

　　要选择并使用这些额外的功能，请单击Scratch屏幕左下角的"Add Extension（添加扩展）"按钮。

谈一谈

　　由程序控制的机器人可以执行人的许多动作。有些人认为太空探索应该由这样的机器人来完成。这有充分的理由。太空旅行对人类来说是危险的，到其他星球旅行可能需要很长时间。另一些人认为人类探险家进行这样的旅行很重要。

　　你怎么认为？你会自愿参加一个可能离开地球数年的太空任务吗？

4 编程·青蛙迷宫

本课中

你将学习：

→ 如何使用x/y坐标控制角色的移动。

中文界面图

螺旋回顾

在第5册中，你创建了一个游戏程序引导一只鹦鹉去触碰苹果。每个角色的位置是使用x/y坐标设置的。如果你忘了x/y坐标是什么，请复习第5册。在本课中，你将使用x/y坐标来控制角色的移动。

入门

在本单元中，你将创建一个游戏，游戏中青蛙将过生日。青蛙试图得到它的生日礼物。游戏第一个版本的屏幕设计建议采用下图。

本单元中的例子使用了两个角色——一只青蛙和一份礼物。背景是夜间场景。你也可以选择任何你喜欢的背景或角色。

起始值

单击青蛙角色。现在你将编写一个简短的程序，设置青蛙的起始位置和大小。**脚本**是一个简短的程序，它控制一个对象，例如角色。我们将使用"程序"来表示有几个角色的整个游戏，使用"脚本"来表示控制一个角色的代码。

右下图显示了青蛙的脚本。它将在用户按下绿色标志时开始。游戏就这样开始了。

如何让青蛙动起来

此脚本不会使青蛙移动。你将添加命令，以便用户可以使用方向键移动青蛙。你在第3单元中学到了编程最好从一个简单的版本开始。因此，如果用户按向上键，将使青蛙在屏幕上向上移动。稍后可以添加其他命令，让其他方向键控制青蛙向其他方向移动。

更改y坐标

x/y坐标是一个数值。它表示某个点在屏幕上的位置。y坐标设置点距屏幕上边沿或下边沿的距离。屏幕上位置较高的点具有较大的y坐标值。增大青蛙角色的y坐标将使其在屏幕上向上移动。

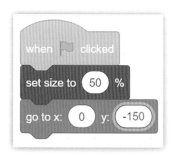

右图中的积木块在用户按向上键时，将在y坐标上加10。

通过将积木块连接在一起生成此脚本。

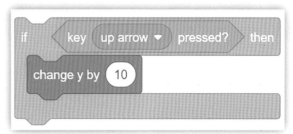

永久循环

你想让青蛙一次又一次地不停移动，而不是只移动一次。因此，你需要把移动积木块放在一个永久循环里。右图所示为完成的青蛙脚本。

礼物

第二个角色是礼物的图片。你将为这个角色编写一个脚本。礼物不会移动，但脚本将设置其起始值：

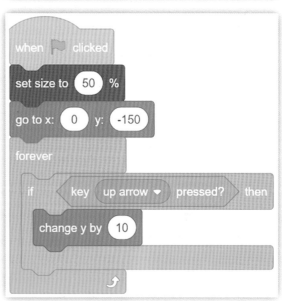

- 将大小设置为50%。

- 将x坐标值设置为0，将y坐标值设置为150。

这个脚本没有图片，看看你能不能自己编写。

活动

为游戏选择角色和背景。

- 为青蛙编写一个开始脚本。

- 为礼物编写一个开场脚本。

现在运行程序。如果你按向上方向键，青蛙会在屏幕上移动。它走向礼物。

再想一想

你将如何调整脚本，使青蛙在屏幕上移动得更快？或者让它移动得更慢？

未来的数字公民

在本单元中，你将开发一个简单的计算机游戏。游戏各不相同。你可以只玩你喜欢的计算机游戏。如果一个游戏对你来说不好玩，那你就不用玩了。好朋友应该尊重这些选择。

额外挑战

扩展脚本，以便在用户按向下方向键时青蛙在屏幕上向下移动。

本课中

你将学习：

→ 如何让游戏对事件做出反应；

→ 如何使用条件循环来控制移动。

中文界面图

添加一条蛇

为了使游戏更刺激，你将添加一个危险因素。你将添加一条蛇，让它来抓青蛙，并阻止青蛙获得生日礼物。

首先，找到蛇角色并将其插入游戏。如果你不喜欢蛇，你可以选择别的角色！记住，游戏应该是有趣的。

接下来，编写一个脚本来控制蛇（或其他"危险"因素）。脚本应该包括以下命令：

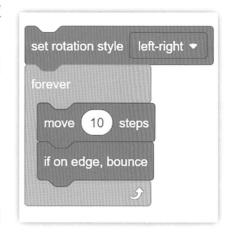

● 当用户按下绿色标志时开始。

● 将大小设置为50%。

● 将x坐标和y坐标设置为0。

你可以使用已经学到的技能，在没有帮助的情况下创建此脚本。

然后添加一个永久循环，使蛇在屏幕上前后移动。rotation（旋转）积木块设置蛇保持爬向正确的方向。

如果你玩这个游戏，你会看到蛇在屏幕上移动。蛇将永远移动（只要程序运行）。

添加条件循环

条件循环是由逻辑测试控制的循环。条件循环积木块如右图所示。

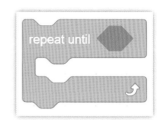

● 去掉永久循环，改用这种类型的循环。

在条件循环积木块的顶部有一个空格。逻辑测试将放在这个空格中。循环中的命令将重复直到逻辑测试为True（真）。在这种情况下，蛇会一直移动，直到它"抓住"青蛙。然后它就会停止。

蛇捉青蛙

如果蛇碰到青蛙，循环就会停止。你可以用一个浅蓝色的Sense（侦测）积木块来检查蛇是否碰到青蛙，如右图所示。

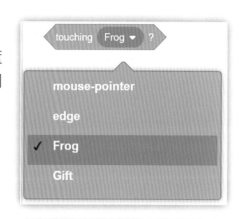

- 将touching Frog（碰到青蛙）积木块放入条件循环中。

现在蛇会一直移动直到它碰到青蛙。

如果蛇碰到青蛙，循环就会停止。

当蛇抓住青蛙时会发生什么

最后，你必须决定当蛇碰到青蛙时会发生什么。例如：

- 蛇会说"caught you!"（抓住你了！）。
- 游戏将停止。

完成的脚本如右图所示。

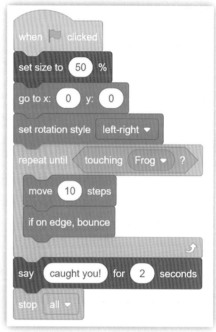

活动

在游戏中添加一条蛇。

为蛇编写脚本，使其从左向右移动。

使用一个条件循环，这样当蛇"抓住"青蛙时，游戏就停止了。

额外挑战

　　更改循环内的命令，以使蛇等待两秒钟，然后跳转到屏幕上的随机位置。这会使游戏变得更轻松还是更困难？对于本单元的其余部分，你可以使用任何一个蛇的脚本。

再想一想

　　这个程序中的循环从一个测试开始。测试是什么？如果测试是True（真）怎么办？

本课中

你将学习：

→ 如何使用程序命令控制视觉和声音输出。

中文界面图

触碰礼物

你将改变游戏，这样如果青蛙碰到了礼物，它就"赢"了。

在上一课中，你使用了条件循环。条件循环由测试控制。在上一课中，如果蛇碰到青蛙，测试结果为True（真）。

现在你将更改青蛙脚本。目前，青蛙不停地移动。青蛙脚本有一个永久循环。你将把它改为条件循环。如果青蛙碰到礼物，循环就停止。

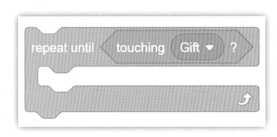

将永久循环更改为右图所示的条件循环。你将不得不把青蛙脚本拆开，改变循环，然后把它们重新拼接在一起。

如果青蛙碰到了礼物怎么办

如果青蛙碰到了礼物，游戏就停止。

在脚本末尾添加以下命令：

● 青蛙说："祝我生日快乐。"

● 游戏停止。

命令积木块应该在条件循环之后。

改变背景

如果青蛙碰到礼物，背景将会改变。你应该把背景改成派对图片。

● 单击Choose a Backdrop（选择背景）按钮。

● 寻找一个叫作Party（派对）的背景。单击以选择它。

现在青蛙游戏有两个不同的背景。

此命令积木块用于设置背景，如右图所示。

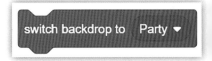

将此积木块添加到青蛙脚本。添加两次积木块。

- 在脚本的开头，选择开始的背景，例如Woods（木头）。

- 在脚本末尾，选择背景Party（派对）。

选择声音

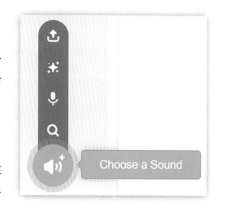

现在你将为游戏添加一个愉快的声音。屏幕顶部有三个标签，分别是Code（代码）、Costume（造型）和Sound（声音）。单击Sound选项卡标签。

在屏幕底部，找到一个如右图所示的按钮。

单击Choose a Sound（选择声音）。你会看到各种各样的声音可供选择。我们喜欢一个名为Birthday（生日）的音频，但你可以选择任何声音。

完成程序

当青蛙碰到礼物时，必须发生三件事：背景变为派对，青蛙说Happy birthday to me（祝我生日快乐），然后播放快乐的音频。右图中的程序模块完成了这三件事情。

在循环完成后，确保这些积木块出现在青蛙脚本的末尾。

活动

更改青蛙脚本，如果青蛙碰到礼物，则会发生如下事情：

- 游戏结束，青蛙说"祝我生日快乐"；

- 出现"派对"的背景；

- 程序播放聚会的声音或生日音乐。

额外挑战

更改蛇的脚本，如果蛇碰到青蛙，则播放阴郁或恐怖的声音。你也可以改变背景。

再想一想　一个学生错误地把play sound（播放声音）积木块放进了循环中。当他玩游戏时会发生什么？

4.4 移动模块

本课中

你将学习：

→ 如何在模块中存储命令。

按向上键

青蛙在屏幕上的位置由 x/ y 坐标设置。按向上键时，y 坐标的值将增加10。这使得青蛙在屏幕上向上移动。命令如右图所示。

你已经发出了这个命令——它在条件循环中。

该命令包括一个逻辑判断。逻辑判断检查用户是否按下向上键。下拉菜单允许你将其更改为其他键。

其他方向键

你可以使用其他方向键。如下表所示，不同的方向键会产生不同的效果。

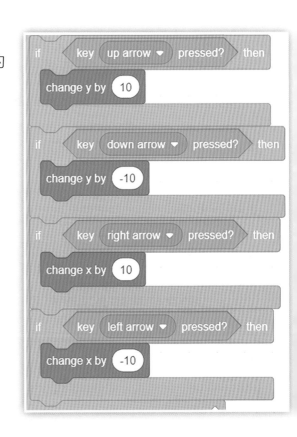

按键	改变
向上键	将 y 坐标增加10
向下键	将 y 坐标减少10
向右键	将 x 坐标增加10
向左键	将 x 坐标减少10

上下方向键更改 y 坐标。

左右方向键更改 x 坐标。

创建4个不同的命令，并将它们组合在一起，如右图所示。

把这些积木块放在青蛙脚本的循环中。

现在青蛙将向任何方向移动，由4个方向键控制。

创建模块

你使用的4个移动积木块占用了很多空间。青蛙脚本现在非常大。为了使脚本更小、更易于阅读，你将创建一个模块。模块存储命令。此模块将存储所有移动命令。

在Scratch中，模块是一个新积木块。现在将制作这个积木块。

单击红色的My Blocks（自制积木）圆点。然后单击Make a Block（制作新的积木）按钮。

现在你可以制作一个新的积木块了。此积木块将存储移动命令。这个积木块的一个合理的名字是movement（移动）。键入名称并单击OK（完成）。

仔细选择模块名称。选择一个能提醒用户模块中存储了哪些命令的名称。

向模块中添加命令

脚本区域中应出现一个红色积木块。这是你做的新积木。现在你可以将movement积木块存储在此模块中。从青蛙脚本中拖出所有的移动积木块，并将它们加入到你创建的新积木块中。

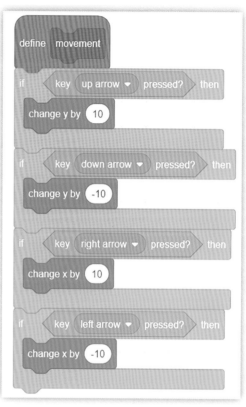

现在你已经完成了一个模块。在下一课中，你将看到如何在程序中使用模块。

活动

制作本课中演示的移动模块。在你完成本单元的下一课之前，你的程序将无法正常运行。保存你的工作，以备下次使用。

这堂课有两个学生。一个学生称他们的新模块为"箭头移动"，而另一个学生称他们的新模块为"我的模块"。哪个名字更好？你能说说为什么吗？

额外挑战

制作一个名为"启动"的模块。将青蛙脚本中的启动命令放入此模块。这些是设置青蛙大小、背景和位置的命令。

4.5 使用新模块

本课中

你将学习：

➜ 如何使用模块简化程序。

模块的工作原理

在上一课中，你制作了一个模块。模块存储一组命令。模块的名称由程序员选择。

程序员可以在程序中使用模块。当计算机看到程序中模块的名称时，它将执行存储在模块中的所有命令。

模块的优点

大多数编程语言都使用模块。在一些编程语言中，模块被称为过程或函数。在模块中存储命令对程序员有许多好处：

* 它使程序变得更短，更容易阅读。

* 程序员可以在程序的多个部分中使用模块。这节省了时间和精力。

* 程序员可以在新程序中使用模块。他们可以和其他程序员共享它们。这使每个人的工作都变得更容易。

Scratch中的模块

模块就像一个小程序。它存储一系列命令。上一课中创建的模块存储所有移动命令。

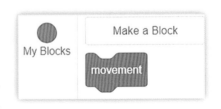

在Scratch中，模块被称为My Blocks（自制积木）。单击 My Blocks 红色圆点，上面写着"我的积木块"。你将看到一个可用的积木块。它被称为movement（移动）。这是你上节课做的积木块。

你做了一个新的Scratch积木块！你可以像使用其他任何一个Scratch积木块一样使用这个积木块。这个积木有什么用？它将执行你放在模块里的所有命令。

使用程序中的模块

在上一课中，你从永久循环中移出了所有命令。你把它们放在movement模块中。红色的movement积木块代表所有这些命令。

将红色的movement积木块拖到青蛙脚本中。现在脚本如右图所示。

当你玩游戏时，青蛙会移动。所有的方向键都能用。你所做的所有不同的命令都会起作用。那个红色的积木块存储了所有的命令。

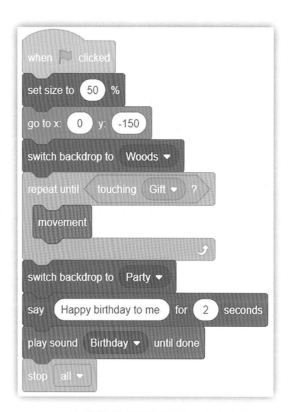

制作更多模块

如果你有时间，在游戏程序中制作和使用更多的模块。

例如，制作两个名字分别为startup和endgame的模块：

- startup模块用于存储循环之前的所有启动命令；

- endgame模块存储游戏结束时的所有命令。

在青蛙脚本中使用你创建的模块。这应该使它简短易读。

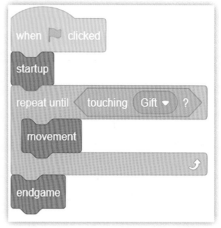

活动

使用movement模块简化青蛙脚本。

探索更多

制作一张海报或传单，说明什么是模块以及为什么在编程中使用这些模块。使用本课中列出的想法。你可以用文字处理软件制作海报。然后，你将包含代码的屏幕截图作为说明。

额外挑战

制作startup和endgame模块，并在程序中使用它们。

4.6 添加迷宫

本课中

你将学习：

中文界面图

➜ 如何使物体避开障碍物；

➜ 如何使用最先进的技能制作具有挑战性的游戏。

制作迷宫游戏

在本课中，你将使用编程技巧开发一个更复杂的青蛙游戏版本。确保你先完成了其他工作。尽可能多地做这些活动。

新的背景

你将用一张新的图片替换游戏的背景。它将显示一个迷宫。青蛙必须穿过迷宫才能得到礼物。

我们提供了一个迷宫的图片，你可以使用。或者你可以自己制作。参见"创造力"部分。

打开Backdrop（背景）菜单并选择顶部选项：UploadBackdrop（上传背景）。**上传**意味着从你的计算机复制一个文件到Scratch网站。

选择迷宫图像。这张照片现在是你的游戏的背景。

编辑脚本

编辑是指对脚本或其他文件进行更改。你必须编辑你所做的脚本，这样它们才能在迷宫中工作。

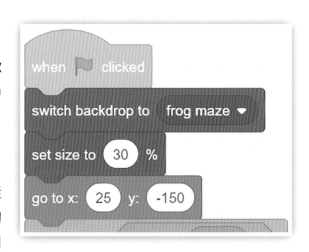

青蛙脚本

更改青蛙脚本以加载迷宫背景，并将青蛙放置在准确的位置。此图像中的值与我们提供的迷宫匹配。如果使用不同的迷宫，可能需要不同的值。

注意：如果你做了一个启动模块，你需要修改它。

移动模块

把所有的移动步数从10改为2，这样青蛙走得更慢。这将使它更容易控制。

礼物脚本

将礼物的 x / y 坐标分别设置为 −25和150。这会把礼物放在迷宫的尽头。如果你使用不同的迷宫，你可能需要不同的值。

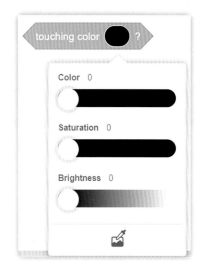

侦测青蛙是否碰到了迷宫的墙壁

你将更改青蛙脚本，使青蛙不能穿过迷宫的墙壁。看看浅蓝色的sense（侦测）积木块。找到一个能感知青蛙是否碰到颜色的积木块。单击颜色。

将所有颜色值设置为0。现在，如果青蛙碰到迷宫的黑墙，测试将为True（真）。

回到起点

将侦测积木块放入if结构中。如果青蛙碰到墙，那么它必须回到迷宫的起点。青蛙开始时的 x / y 值为（25，−150）。用一个go to（移到）积木块把青蛙送回那个地方。

右图显示了完整的if结构。把结构放在青蛙脚本里。

现在你可以玩游戏了。

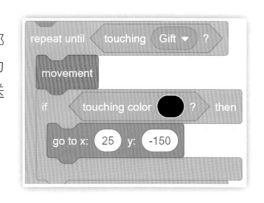

活动

开发青蛙迷宫游戏，如本课所示。

额外挑战

改变青蛙迷宫游戏，使青蛙碰到迷宫的墙壁时发出声音。

创造力

有很多方法可以得到一个迷宫的图片：在网上找一张照片；使用图形软件制作图片；或者画一个迷宫，然后扫描页面来生成一个计算机文件。

探索更多

为计算机游戏构思一个新想法。你可以使用青蛙迷宫游戏中的想法，例如避免危险。完整描述想法。

4
编程：青蛙迷宫

测一测

中文界面图

测试

一个学生想做一个太空船在太空中飞来飞去的游戏。"超级跳跃"功能将使宇宙飞船跳跃到一个新的空间位置。

这里有三个不同的模块。每个模块存储不同的命令。这些模块称为x、y和z。

1. 学生想让宇宙飞船跳到屏幕上一个随机位置。他应该使用哪个模块？

2. 当用户按下空格键时，飞船将跳到一个随机位置。脚本是什么样子的？要么用文字描述脚本，要么说出你将使用什么积木块。

3. 再看看模块x、y和z。写下每个模块的功能描述。

4. 为每个模块提供更好的名称。

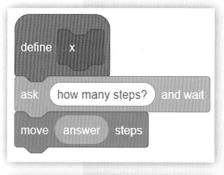

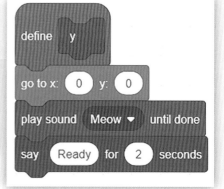

这个游戏叫"躲避海星"。螃蟹在海里游泳。如果它碰到海星，游戏就结束。

1. 选择一个背景和两个角色。为海星编写一个脚本，让它自己在屏幕上移动。使用永久循环。

2. 为螃蟹编写一个脚本。用户控制螃蟹的移动方式。你可以选择如何控制螃蟹：使用键盘或鼠标。将移动命令放入一个条件循环中，这样螃蟹就会移动，直到碰到海星为止。

3. 制作一个模块来存储螃蟹碰到海星后会发生的动作。例如，背景可能会改变，螃蟹可能会跳到一个随机位置，或者可能有声音。给模块一个合适的名称。将模块积木块放到螃蟹脚本中的合适位置。

自我评估

- 我回答了测试题1。

- 我完成了活动1。我让海星移动了。

- 我回答了测试题1和测试题2。

- 我完成了活动1和活动2。我让两个角色都移动了。

- 我回答了所有的测试题，完成了所有的活动。

- 我完成了所有的活动。我编写并使用了一个模块。

重读单元中你不确定的部分。再次尝试测试题和活动，这次你能做得更多吗？

5 多媒体：学校调查

你将学习：

→ 如何规划调查和数据收集；
→ 如何使用数字设备和应用程序收集数据；
→ 如何使用软件应用程序分析数据；
→ 如何使用软件应用程序创建和展示调查结果。

谈一谈

在本单元中，你将调查学校中最嘈杂、最繁忙的地方。学校的哪些地方又吵又忙？一天中什么时候最忙？你同意在单个时间和地点进行调查吗？

在本单元中，你将计划并实施在学校内的调查。你将使用数字设备来收集数据。你将使用电子表格来存储和分析数据。你将使用演示软件分享你的调查结果和分析。

使用模拟设备和数字设备收集数据

多年来，人们设计机器并使用机器来收集数据。

图表记录器是用来在纸卷上记录不同数值（有时称为参数）的**模拟**装置。

测谎仪是一种图表记录器。测谎仪有时被用作谎言检测器，如右图所示。图纸上的每一行表示一个参数的测量值。测谎仪还记录呼吸、出汗和血压等参数。

现在，模拟图表记录仪常常被数字数据记录仪所取代。最著名的数据记录器是飞行**数据记录器**（FDR）。大多数飞机都装有FDR。它是一个多通道记录器。它至少可以记录飞机飞行中的88个不同的参数。

学习成果：使用技术来收集或记录数据；使用技术进行团队合作（例如进行小组演示）。

其中包括：

- 空气流动速度；

- 海拔高度；

- 发动机功率；

- 驾驶舱中操纵杆和开关的位置。

这些数据可用于维修和事故调查。FDR通常被称为"黑匣子"，但如上页中的图所示，它被涂成橙色，以便在事故中更容易被发现。

使用自己的设备记录数据

许多人都有一个设备，可用作数据记录器，即智能手机或平板计算机。

智能手机内置**传感器**，可以随时记录数据。其中包括：

- GPS传感器通过测量到太空卫星的距离来感知设备的位置；

- 加速计和陀螺仪感知设备的位置和运动方向；

- 麦克风感知声音；

- 摄像头和环境光传感器感知光线；

- 距离传感器感应附近物体；

- 磁强计，如指南针感应手机方向。

课堂活动

上文中列出了你可能在一部典型的手机中找到的6个传感器。你将调查学校里最吵闹、最繁忙的地方，并采访人们，看看他们的想法。哪种手机传感器可以帮你？你怎么使用它们？如果你知道其他可能有用的传感器和应用程序，请记下来。

你知道吗？

夏普Pantone智能手机用一个盖革计数器来检测背景辐射。这部手机发布于许多日本人出于健康原因想测量辐射之时。彩色按钮用于打开辐射传感器。

5.1 规划调查

本课中

你将学习：

→ 如何规划调查；
→ 如何确定要采集的数据类型；
→ 如何选择技术来帮助你收集数据。

螺旋回顾

在第 3 册中，你学习了如何使用演示应用程序。第 5 册中，你学习了数据和图表。在本单元中，你将结合你的技能来记录、分析并向观众展示信息。

如何规划调查

在你规划调查之前，你必须决定你想知道什么。这是你的调查目标。你要用一两句话写下你的调查目标。

本单元的调查目标是：

- 在一天中的不同时间找出我们学校最繁忙、最嘈杂的地区。

- 找出人们在这些时候对空间和噪声的感受。

选择需要采集的数据

确定调查目标后，请选择需要采集哪些数据才能达到目标。有两种类型的数据：

- **定量数据是用数字表示的。**定量数据用于测量和比较。在这个例子中，定量数据是人的数量和噪声水平。

- **定性数据是描述性的。**在这个例子中，定性数据将描述同学们对学校噪声水平的感受。

选择调查方法

一旦你确定了你需要什么样的数据，就可以选择收集数据的方法。这就是你的调查方法。调查方法包括：

- 问卷，可以是书面的，也可以是网上的——用来采集定量和定性的数据；

- 访谈——用于定性数据；

- 测量装置（数字或模拟）——用于采集定量数据。

在单元调查中，将使用数字测量装置和访谈采集数据。

选择调查所用技术

为了确保你选择了正确的技术，请考虑可以记录所需数据的设备。想想专业设备。想想如何使用智能手机和平板计算机等设备。

在本单元中，将以三种不同的方式收集数据：

数据收集	使用软件
学校周围的流动人数	智能手机计数器应用程序和秒表或计时器应用程序
统计人数之处的噪声水平	智能手机声音测量应用程序
人们对噪声水平的看法	智能手机语音录音应用程序

右侧是一个智能手机计数器应用程序。该应用程序可帮助你快速统计人或物体（例如汽车）的数量。

右侧是一个智能手机声音测量应用程序。它使用手机的麦克风测量和显示声音级别。

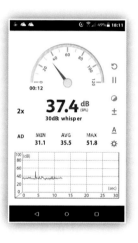

活动

规划你的调查。

- 写下你的调查目标。一定要包括有关地点和时间的信息。

- 写下你需要为调查采集的数据。找出定量和定性数据类型。

- 调查可用于采集数据的技术。有什么应用程序可以帮助你？

再想一想

调查产生了大量的数据。想一想如何记录这些数据，以便使用它们来实现调查目标。

额外挑战

你将如何进行调查？写下一些关于如何准备调查和记录数据的想法。

5.2 准备并进行调查

本课中

你将学习:

→ 如何为数据收集调查做准备;

→ 如何记录供分析的数据;

→ 如何使用数字数据采集工具进行调查。

准备调查

为了准备你的调查,你需要组建一个团队,并使他们认同你的角色。这项调查涉及数字数据采集工具的使用。

商定团队角色

如下表所示,在本次调查中,每个调查小组都有4个角色。

团队角色	职责
测量员1	使用计数器应用程序统计调查地点的人数
测量员2	使用声音测量应用程序记录调查地点的声音等级
计时员	使用秒表确保声音和数据采集同时开始和结束
采访者	使用语音记录应用程序记录人们对调查问题的回答

你还需要商定如何记录数据以供以后分析。

记录供分析的数据

定量数据

在本次调查中,有两个定量数据项:

● 人数;

● 噪声级别。

你需要为该数据确定一个采样时间。如果在不同时间或不同地点采集数据,则需要使用相同的采样时间,以便比较结果。在本单元的示例中,一两分钟的采样时间就可以了。

你将使用电子表格来记录数据。

首先,确定你需要的标题。

我们学校的调查			噪声级别		
时间	地点	人数	最小值	最大值	平均值
09:30	走廊	21	37dB	42dB	58dB
12:30	走廊	74	47dB	83dB	74dB

在纸上创建自己的模板来记录数据。你可以稍后将数据传输到电子表格。

定性数据

定性数据是对调查问题的记录答案。你可以在智能手机或平板计算机上使用语音录制应用程序。在你记录每个受访者的回答之前，应先征得他们的同意。

开始前把问题写下来。你的问题可能是：

● 你觉得这个地方的噪声水平怎么样？

这叫做开放性问题。这意味着人们不能只回答"是"或"否"。答案应该告诉你更多关于人们的感受。

活动

为调查做准备。

● 组成一个团队。认同你们各自的角色。商定将在何处进行调查以及调查的时间。

● 创建一个纸质模板来记录调查期间的定量数据。

额外挑战

在面谈中添加一个额外的问题。确保这是一个开放的问题。

再想一想 你们班的每个小组都将进行一次调查。你们可能在不同日子的同一时间工作。为什么每个人都在同一地点、同一时间进行调查很重要？

活动

进行调查。

● 使用你选择的设备记录数据。

● 用你的数据样本：测量两分钟的声音等级，同时统计经过测量地点的人数。

● 记录至少三个人的采访答案。

● 在模板上记录数据。

5 多媒体：学校调查

5.3 分析数据

本课中

你将学习：

→ 如何将数据传输到电子表格；

→ 如何创建一个图表来帮助读者理解数据。

上一课你做了调查，这叫作实地调查。你收集了你的数据。在本课中，你将分析数据。

展示数据以便分析

第一步是将数据复制成有助于分析的格式。

传输定量数据

在本课中，你将把测量数据转换到电子表格中。

本课中的示例使用格式化的数据表来帮助你制作图表。

下载电子表格"Survey data（调查数据）"。

> 3. 要添加新图形，请选择表中的所有数据。单击Insert（插入）菜单中的"Recommended Charts（推荐图表）"。从列表中选择一个图表。

> 2. 当你输入一个新值时，图形将改变。

> 1. 从纸质模板复制数据。

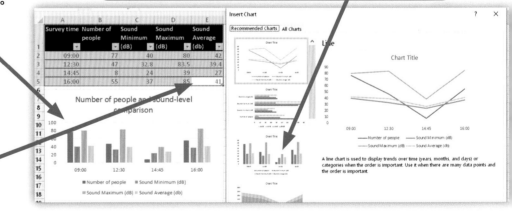

转录定性数据

在调查后复制定性数据称为转录（transcribe）。

在**转录**数据时，数据的准确性非常重要。你的数据应该反映真实情况，所以数据必须是准确的。你可以把单词输入表格或写出来。

下载Interview transcription（采访记录）文档。

听你的录音。写出或打出采访回答。

添加录音的地点。

我的采访记录		
时间	地点	回答
09：00	走廊	我不介意在走廊里大声一点，因为我喜欢在上课前和朋友们打招呼
12：00	走廊	有时午餐时间会很吵。每个人都很兴奋和匆忙。我在学习的时候喜欢安静一点。

播放音频文件时，录制时间通常显示在显示器上。添加时间将帮助你将数据与你的团队收集的定量数据相匹配。

分析数据

使用电子表格的数据表和图表来分析数据。

这将帮助你回答问题，例如：

- 我们学校什么时候最繁忙？
- 什么时候最吵？
- 我们学校更繁忙的时候总是更吵吗？

使用转录的采访答案来回答问题，例如：

- 喧闹忙碌时人们是更快乐还是更不快乐？
- 人们对噪声水平还有什么感觉？

活动

使用上述说明传输定量数据。

转录你的定性数据。

与你的调查团队一起查看你的数据。写下你的结论。

额外挑战

在下一课中，你将开始演示。

想想你与团队达成的调查结论。把你的结论按你认为应该给出的顺序排列。询问你的团队是否同意你的计划。

再想一想

你能想出更多的数据可以添加到转录模板吗？这些数据如何帮助你对调查进行分析？

5.4 创建演示文稿

如何创建演示文稿

你已经收集并分析了你的调查数据。现在，你将使用 Microsoft PowerPoint 创建包含文本、图像、图表和声音的简短演示文稿。

演示文稿的开头是标题和简介幻灯片。这两张**幻灯片**上只有文字。

添加标题幻灯片

当你开始新的演示文稿时，Microsoft PowerPoint会为你的第一张幻灯片提供标题的特殊布局。在每个框中单击，以编写标题和副标题。你的标题和副标题需要放在各自的框中。你也可以把你的名字放在副标题框里。

单击"title（标题）"框添加文本。

学校调查

单击此处添加副标题

单击"subtitle（副标题）"框添加文本，例如"每天不同时间的人数和噪声水平"。

添加更多幻灯片

完成标题幻灯片后，请添加简介幻灯片。你的简介幻灯片应该帮助听众理解你的演示文稿是关于什么的。

单击New Slide（新建幻灯片）并选择Title and Content（标题和内容）布局。你可以在幻灯片顶部放置标题，在底部框中放置简介文本。

Layout（布局）菜单在Slides（幻灯片）部分，使用它更改每张幻灯片的布局。有些布局允许你将内容并排放置。其他布局则让你包含一个带有标题的图片。

如何在幻灯片中插入图像

你可以通过使用Insert（插入）菜单导入保存在计算机上的图片来添加图像。图像可能是：

- 在另一个程序中绘制的图形
- 保存在计算机上的照片。

你可以使用剪贴画添加图像，或使用Shapes（形状）菜单制作自己的图像。

你还可以插入另一个处于打开状态的程序的屏幕截图。使用Screenshot（屏幕截图）按钮将其直接导入幻灯片。

 **活动**

利用5.3课介绍的技能，使用PowerPoint或类似应用程序创建演示文稿。

使用各种幻灯片布局。将你在5.3课中创建的图表添加到演示文稿中。

保存你的工作。

 额外挑战

浏览Insert（插入）选项卡中的Shapes（形状）、Icons（图标）、SmartArt菜单。在演示文稿中插入一个或多个这样的插图。你的新插图如何帮助观众更好地理解你的演示文稿？

 创造力

在演示文稿中添加更多图像。使用剪贴画或绘制你进行调查的地点的地图。尝试添加一些标签。

 **再想一想**

怎样才能使演示文稿更有趣？

想想别人向你提供信息的时候，你觉得什么样的信息更有趣？

本课中

你将学习：

➜ 如何将主题应用于演示文稿；

➜ 如何添加转场；

➜ 如何添加音频文件。

中文界面图

确定你的演示文稿内容准确后，你可以添加**转场**（transition）和设计主题，让它看起来很专业。

应用主题

主题会改变颜色和字体。它们为幻灯片添加图案和边框。

如果应用主题，它将应用于演示文稿中的所有幻灯片。因此，请检查每张幻灯片，确保主题与你的内容相符。

1. 从Design（设计）菜单中选择一个主题。

2. 你可以改变主题中的颜色、字体和布局。使用Format Background（格式背景）和Design Ideas（设计思想）菜单来完成这些更改。

添加转场

转场是在幻灯片切换期间发生的动画。它们可以激发观众的兴趣，但也可能分散观众注意力。试着找出最好的方式。

从Transitions（转场）菜单中选择一种转场。你的选择将应用于主窗口中的幻灯片。你可以对每张幻灯片应用相同的转场，也可以选择不同的转场。

添加音频文件

你可以将**音频文件**添加到演示文稿的幻灯片中。

播放幻灯片时将播放音频文件。

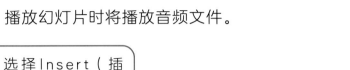

1. 选择Insert（插入）菜单。

5. 你可以使用AudioTools（音频工具）功能区中的Playback（播放）菜单来选择如何在演示文稿中播放声音。

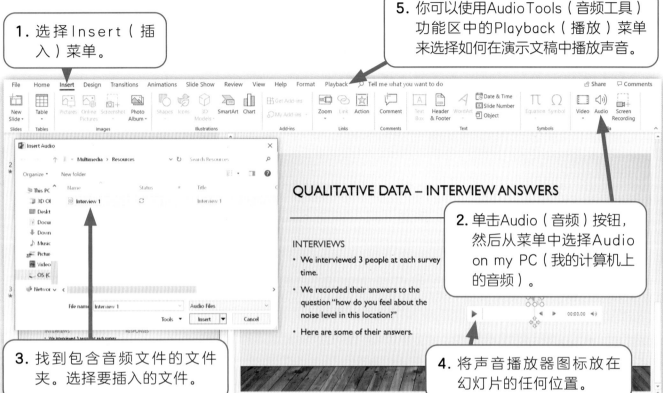

2. 单击Audio（音频）按钮，然后从菜单中选择Audio on my PC（我的计算机上的音频）。

3. 找到包含音频文件的文件夹。选择要插入的文件。

4. 将声音播放器图标放在幻灯片的任何位置。

选择"Start: When Clicked On"（开始：单击时）可在你进行演示时控制声音播放器。

活动

将主题应用到你的演示文稿中。检查所有幻灯片。设计是否使它们易于阅读？找到最有效的主题。

在每张幻灯片之间添加转场。保存你的工作。

额外挑战

如果你在调查期间录制了采访录音，请选择最好的录音。将其插入演示文稿中。

探索更多

你已经创建了你的演示文稿，可以随时交付。问问你的家人和朋友他们是否做过演讲稿或演示文稿。他们有什么建议给你？

本课中

你将学习：

→ 如何打印讲义；

→ 如何使用幻灯片向全班演示。

中文界面图

当你要发表演讲的时候，你的幻灯片必须在你要使用的计算机上准备好。以下是一些需要记住的事情：

- 想想你要说什么。你可以在纸上写笔记。你还可以在 Power Point 中为每张幻灯片添加注释（参见下文）。写下简短的笔记，帮助你记住要点。

- 如果你有时间，可以单独或与你的团队一起练习你的演讲。你会更加自信。

- 如果你使用的是投影仪或大屏幕，请站在旁边，以便每个人都能看到演示文稿。

- 说话要慢而清楚，以便房间里的每个人都能听到你说话。

- 你需要边走边切换幻灯片。单击鼠标左键切换幻灯片。

讲义可以帮助听众理解和记住你的演讲。它们可能是幻灯片的打印输出或其他内容。

为演示文稿创建注释

要向幻灯片添加注释，请单击屏幕底部的Notes（注释）图标。把你的笔记输入文本框里。观众看不到你的笔记，你可以打印备注页来帮助你进行演示。

发表演讲

要开始演示，请单击Slide Show（幻灯片放映）选项卡中的From Beginning（从头开始）。

使用鼠标左键更改为下一张幻灯片。

如果切换得太快，请使用键盘上的向左键返回到上一张幻灯片。

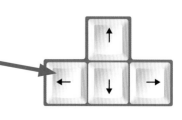

记住，你需要单击鼠标按钮来显示幻灯片上的动画。

为观众打印讲义

如果要打印讲义，请从File（文件）菜单中选择Print（打印）。

从Settings（设置）下拉菜单中，选择Notes Page（备注页）或Handouts（讲义）选项。

活动

在将用于演示幻灯片的计算机上打开演示文稿。

向你的同学讲解演示文稿。慢慢地、平静地说。祝你好运！

额外挑战

如果你的计算机与打印机相连，请为同学们打印讲义。哪种打印设置选项最适合你？

再想一想

想想幻灯片中的信息。你会怎么和那些没有和你在一起的人分享呢？

未来的数字公民

我们与来自世界各地的人合作。你在本单元学到的演讲技巧将帮助你与来自世界各地的朋友和同伴交流。

你已经学习了：

→ 如何规划调查和数据收集；

→ 如何使用数字设备和应用程序采集数据；

→ 如何使用软件应用程序分析数据；

→ 如何使用软件应用程序创建和展示调查结果的演示文稿。

中文界面图

活动

下载Weather survey data（天气调查数据）电子表格。

这个电子表格包含了降雨量和温度的调查数据。

1. 做一个演示文稿，与同学们分享这些天气数据。添加以下幻灯片：

- 标题幻灯片，显示你的演示文稿的名称和主题。

- 解释调查内容的幻灯片。

2. 根据电子表格中的数据，添加一张显示天气图表的幻灯片。

- 你可以从电子表格中复制和粘贴图表。

- 如果你有时间，你可以修改图表。

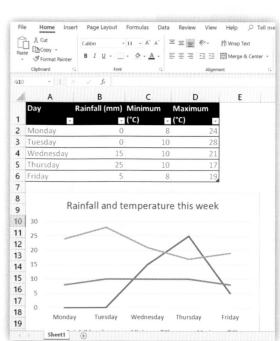

3. 添加最后一张幻灯片，用不超过三个要点解释图表中的数据。

- 一定要保存你的工作成果。

- 如果你有时间，为你的演讲文稿打印一些讲义，并与全班同学分享。

测试

在本单元中，你和团队一起采集了一些数据来找出问题所在。回答这些问题，想想你所做的工作。

❶ 请说出一种可以使用技术采集数据的方法。

❷ 说说你在调查活动中所做的一件事。

❸ 描述你是如何在调查中使用技术采集数据的。

❹ 你是如何协助演示的？

❺ 描述你整个团队的工作以及你通过调查发现的事情。

❻ 描述你在团队合作中的贡献。你帮助团队做了什么决定？

自我评估

- 我回答了测试题1和测试题2。

- 我完成了活动1。

- 我回答了测试题1~测试题4。

- 我完成了活动1和活动2。

- 我回答了所有的测试题。

- 我完成了所有的活动。

重读单元中你不确定的部分。再次尝试测试题和活动，这次你能做得更多吗？

6 数字和数据：阿米尔的包裹

你将学习：

→ 如何在结构化表格中存储数据；

→ 如何按字母顺序排列记录；

→ 如何筛选数据表以显示选定的数据；

→ 如何使用数据有效性检查错误；

→ 如何使用列表简化数据输入；

→ 如何使用电子表格公式进行计算；

→ 如何使用逻辑测试生成结果。

电子表格是一种将信息存储在表格中的软件应用程序（app）。企业使用数据表来存储信息。使用电子表格可以使数据存储更快、更容易、更准确。电子表格还能帮助用户更好地处理数据。用户可以对数据进行排序、筛选和计算。这有助于用户管理自己的业务，并为未来制定计划。

在本单元中，你将使用电子表格存储有关阿米尔自行车包裹公司的信息。这家公司负责在一个繁忙的城市骑自行车送包裹。你将制作的电子表格存储有关该公司交付的包裹的信息。电子表格将帮助阿米尔管理他的公司。

谈一谈

准确的数据对所有企业都很重要。没有准确的数据，企业就无法做出正确的决策。如果计算机存储不准确的数据有什么风险？想想如果商业计算机系统中有不准确的数据可能会发生的各种商业问题。

学习成果：使用软件来对数据进行结构化、排序和筛选。

课堂活动

本单元中的项目是关于一个运送包裹的企业。这种业务有时被称为快递服务。

- 调查你所在地区的快递或包裹递送服务。寄一个包裹通常要多少钱？

现在分组工作。想象一下，你管理着一家运送包裹的公司。你会在电子表格中存储哪些数据？考虑一下管理业务所需的信息。

以下是一些示例：

- 你送了多少包裹；

- 你的送货员骑车走了多远；

- 你应该向顾客收取多少费用。

与全班同学讨论你的发现。

你知道吗？

最早用于数据存储的机器将信息保存在穿孔的纸卡片上。一台机器通过把金属棒穿过穿孔找到了你想要的数据。后来，穿孔卡片机可以在一张卡片上存储大约80个字符（大约80B的数据）。它将需要2亿张卡片来存储你可以放入现代16GB存储卡中的数据！

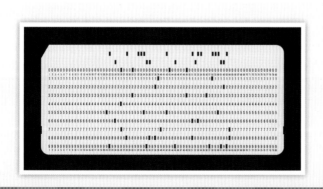

数据表　有效性
筛选　排序　主键
列表有效性　有效性条件
逻辑检验　计算字段

6 数字和数据：阿米尔的包裹

83

本课中

你将学到：

➜ 如何解释什么是数据表；
➜ 如何将电子表格格式化为数据表。

中文界面图

知识回顾

在第5册中，你学习了如何使用电子表格函数和公式来帮助企业规划新产品。在本单元中，你将学习如何使用电子表格功能来记录和分析数据，以帮助企业管理其日常运营。

在本单元中，你将处理包裹递送公司的数据。你将使用电子表格提供的数据。

下载电子表格Amir deliveries data（阿米尔递送数据）。

什么是数据表？

"数据"是事实和数字的名称。电子表格应用程序允许你以称作**数据表**的结构化格式组织数据。

将数据格式化为数据表时，可以完成不同的任务。

数据如何变成信息

数据本身可能意义不大。如果你知道如何对数据进行排序、格式化和分析，它将变得有意义。

数据＝２０２２０９２１→信息＝2022年9月21日

> 表中的行称为**记录**。每条记录都有几个字段。记录存储关于一个事物、事件或人的所有数据。在这个表中，每条记录都是一笔快递业务的数据。

> 数据表中的一列称为字段。每个字段存储一个数据。列的标题是字段名。它解释了字段的数据。

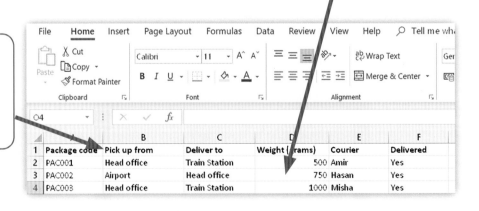

数据表的字段在每个记录中都有不同的值。这称为**主键**。你可以使用主键来标识每个记录。在此数据表中，主键字段为Package code（包裹代码）。包裹代码以字母PAC开头，后跟一个数字。

如何制作数据表

要将电子表格转换为数据表，必须选择包含数据的所有单元格。

1.将鼠标指针拖过电子表格中的所有单元格。所有单元格会突出显示。

2.单击Format as Table（格式化为表格）。

3.选择表格的颜色和样式。

会打开这样的窗口：

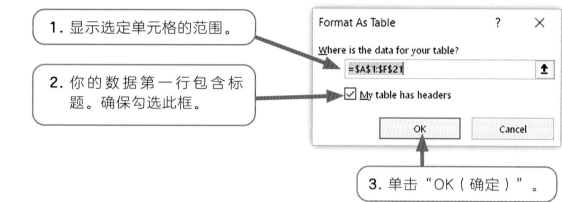

1. 显示选定单元格的范围。

2. 你的数据第一行包含标题。确保勾选此框。

3. 单击"OK（确定）"。

活动

打开电子表格Amir deliveries data。

选择构成电子表格的所有单元格。

将这些单元格格式化为数据表。

保存你的工作。

额外挑战

尝试不同的表格颜色和样式。你最喜欢哪个？为什么？

再想一想

在此数据表中，每个包裹都有唯一的代码。为什么企业使用代码数字来识别包裹？

	A	B	C	D	E	F
1	Package code	Pick up from	Deliver to	Weight (grams)	Courier	Delivered
2	PAC001	Head office	Train Station	500	Amir	Yes
3	PAC002	Airport	Head office	750.75	Hasan	Yes
4	PAC003	Head office	Train Station	1000	Misha	Yes
5	PAC004	Law centre	Bank	-250	Amir	Yes
6	PAC005	Housing agency	Head office	250	Misha	Yes
7	PAC006	Warehouse	Shop	100	Nadia	Yes
8	PAC007	Law centre	Train Station	1000	Amir	No
9	PAC008	Head office	Law Centre	500	Hasan	No

6.2 排序和筛选

本课中

你将学习：

→ 如何按字母顺序对数据表进行排序；

→ 如何对数据表进行筛选，以便只显示部分记录。

中文界面图

什么是排序？

排序意味着将数据表中的记录按顺序排列。必须选择要用于对表格进行排序的字段。

排序主要有两种类型：字母顺序和数字顺序。

必须选择排序顺序：升序（从最小值开始）或降序（从最大值开始）。

如何对数据表进行排序

名为Courier（快递员）的字段存储将递送包裹的快递员的姓名。你将按快递员姓名顺序对数据表进行排序。每个快递员的所有递送都将分组在一起。

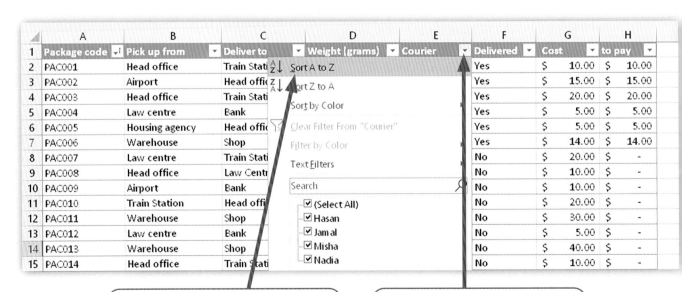

2. 选择Sort A to Z（升序）进行升序排序。

1. 单击标题Courier（快递员）旁边的箭头。

现在，表格按快递员名称的顺序排序。要将表格返回到原始顺序，请使用Package code（包裹代码）字段再次排序。

86

什么是筛选

筛选意味着从数据表中选择记录，以便查看它们。选择要查看的记录。设定筛选条件。电子表格应用程序将仅显示符合筛选条件的记录。

不符合条件的记录仍在数据表中。它们只是隐藏起来了。当你关闭筛选器时，记录将再次出现。

如何添加筛选

数据表中的一个字段"Delivered"。你将对数据表进行筛选，以便仅看到显示"No"的记录。这些是尚未交付的包裹。

你可以使用复选框来添加和删除筛选。

现在，数据表只显示值为"No"的记录。

1. 单击标题"Delivered"旁边的箭头。

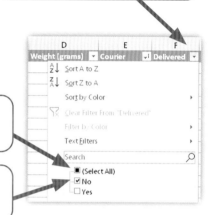

2. 单击以删除Select All（全选）旁边的勾号。

3. 选择No选项。然后单击OK（确定）。

过滤符号告诉你该列中的数据已被过滤。

 **活动**

打开保存的电子表格Amir deliveries data。按快递员姓名的顺序对表格排序。

使用过滤，以便表格仅显示已交付的包裹。

关闭过滤。按Package code（包裹代码）顺序对表格进行排序。

 再想一想

对数据进行排序和过滤如何帮助阿米尔管理他的业务？

 额外挑战

按包裹重量的顺序对表格进行排序。

按包裹要送到的地方对表格进行排序。

使用过滤，这样只显示汉桑的快递。

6.3 使用有效性检查数据

本课中

你将学习：

→ 如何解释为什么数据检查很重要；

→ 如何使用有效性检查数据。

中文界面图

为什么数据检查很重要？

数据的准确性对企业来说至关重要。数据错误会导致大问题。当有大量数据时，很难发现错误。这就是为什么软件应用程序必须有数据检查功能，它可以帮助你发现错误。

数据检查的一种类型是**有效性**。有效性意味着确定被称为**有效性条件**的规则。软件根据标准检查所有数据。如果数据不符合条件，那么你就知道数据是错误的。

如何向数据表添加数据有效性

你将使用基于数字的有效性来检查Weight（重量）字段。你将使用两个条件检查数据。

- 重量必须是整数。

- 重量必须大于0。

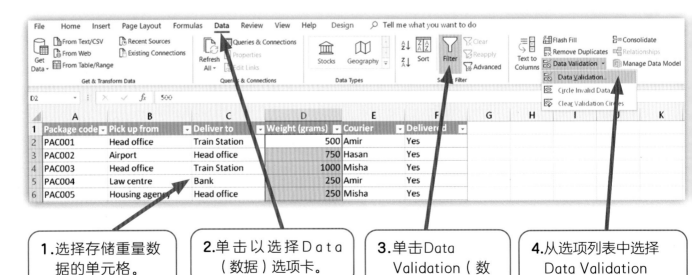

1. 选择存储重量数据的单元格。

2. 单击以选择Data（数据）选项卡。

3. 单击Data Validation（数据有效性）。

4. 从选项列表中选择Data Validation（数据有效性）。

此窗口允许你添加有效性条件。首先，你将设置所有重量必须是整数的规则。接下来，你将设置重量必须大于0的规则。

1. 选择Whole number（整数）。

2. 选择greater then（大于）。

3. 键入0。

4. 单击OK（确定）。

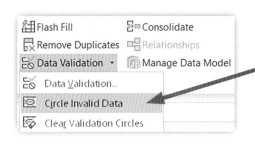

如何检查错误

你可以让应用程序显示任何无效数据。

应用程序将查找并突出显示所有包含违反有效性条件的数据的单元格。

单击Circle Invalid Data（圈释无效数据）。

活动

打开保存的电子表格Amir deliveries data。如本课所示，向数据添加有效性。

查找无效数据。

用不违反有效性条件的新数据替换带圆圈的数字。当数据有效时，圆圈将消失。

	A	B	C	D	E	F	
1	Package code	Pick up from	Deliver to	Weight (grams)	Courier	Delivered	Ch
2	PAC001	Head office	Train Station	500	Amir	Yes	
3	PAC002	Airport	Head office	750.75	Hasan	Yes	
4	PAC003	Head office	Train Station	1000	Misha	Yes	
5	PAC004	Law centre	Bank	-250	Amir	Yes	
6	PAC005	Housing agency	Head office	250	Misha	Yes	
7	PAC006	Warehouse	Shop	100	Nadia	Yes	
8	PAC007	Law centre	Train Station	1000	Amir	No	
9	PAC008	Head office	Law Centre	500	Hasan	No	

再想一想

阿米尔更改了有效性检查。他决定Weight列中的每一个数值都必须超过100克。有一个包裹没有通过检查。请说出这个包裹的代码。

额外挑战

应用程序以显示错误消息的方式阻止你键入无效数据。摸索输入无效数据时会发生什么。

本课中

你将学习：

→ 如何使用序列有效性；

→ 如何使用序列简化数据输入。

中文界面图

数据输入对于任何业务来说都是一项重要的任务。

键入数据可能有以下问题。

- 输入所有数据可能需要很长时间。

- 很容易犯错误。企业需要避免数据错误。

- 数据可能不一致。这意味着每次输入数据的方式可能不同。

什么是序列有效性？

序列有效性使数据输入更简单。用户不需要键入数据。他们可以从序列中选择正确的值。

这有很多优点。

- 从序列中选择比键入要快。

- 犯错误的可能性较小。

- 数据是一致的（每次都一样）。

如何加入序列有效性

你将向数据表的C列添加序列有效性。

- 单击C列顶部的"C"。这将选择整个列。

- 打开Data（数据）选项卡，然后像上一课一样单击Data Validation（数据有效性）。Data Validation窗口将打开。

1. 选择List（序列）。

2. 单击此按钮，以选择将成为列表的字段。

现在你将选择地址序列。单击屏幕底部的lists（序列）选项卡打开包含序列的工作表。

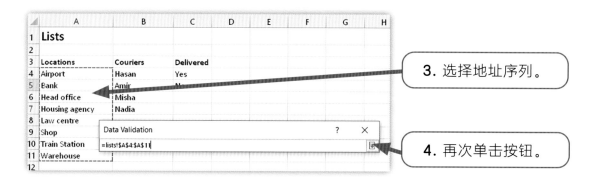

3. 选择地址序列。

4. 再次单击按钮。

如何使用数据序列进行数据输入

可以向表中添加新记录。

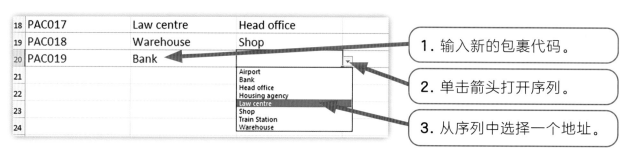

1. 输入新的包裹代码。

2. 单击箭头打开序列。

3. 从序列中选择一个地址。

活动

打开保存的电子表格Amir deliveries data。将序列有效性添加到表中。

下图显示数据表的新记录。添加这些记录。

PAC019	Bank	Law centre	1000	Amir	No
PAC020	Warehouse	Airport	250	Hasan	Yes
PAC021	Train Station	Head office	500	Hasan	No

保存你的工作。

额外挑战

将序列有效性添加到Delivered（配送状态）和Courier（快递员）字段。这些值存储在电子表格的Lists工作表中。使用已创建的序列，向数据表中输入新记录。

再想一想

数据表中的某些列无法使用下拉列表。举例说明。

6.5 计算

本课中

你将学习：

→ 如何描述"计算字段"；
→ 如何向数据表中添加计算。

中文界面图

螺旋回顾

在第 4 册和第 5 册中，你已经使用公式在电子表格中进行计算了。你可以用同样的方法在数据表中创建公式。

你已经创建了一个数据表。通过键入或从序列中选择，你已将数据输入到字段中。现在你将添加一个计算字段。

你将输入一个公式，应用程序将**计算**出表中每个记录的答案。

如何添加公式

在阿米尔的业务中，投递包裹的费用是按包裹的重量计算的。阿米尔使用公式：$\dfrac{\text{weight}}{50}$。

此计算将出现在名为Charge（费用）的新字段中。你将在该字段中输入公式。

切记：每个公式都以等号开头。

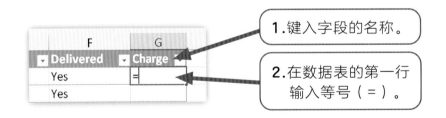

1. 键入字段的名称。

2. 在数据表的第一行输入等号（ = ）。

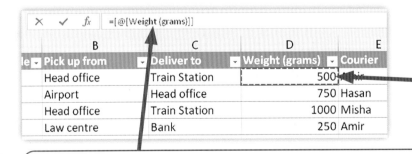

3. 单击Weight（重量）字段中的第一个单元格。

4. 应用程序将字段的名称放入公式中。这意味着将对该字段中的所有数据进行计算。

5. 在公式末尾键入/50。
意思是"除以50"。

这个费用应该加到表中的每一条记录上。

如何将字段格式化为货币

你可以更改任何数据字段的格式。字段的格式表示字段中数据的显示方式。

你将使用货币格式。这将数字显示为货币值。

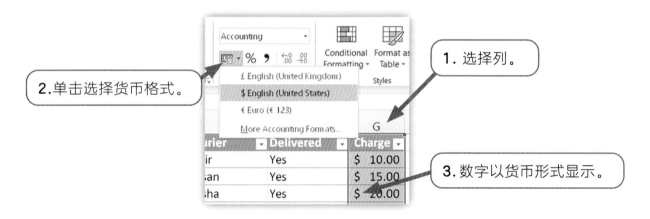

2. 单击选择货币格式。

1. 选择列。

3. 数字以货币形式显示。

 **活动**

打开已保存的电子表格Amir deliveries data。在数据表中添加一个"Charge"字段。使用公式来计算每次递送的费用。

将"Charge"字段的格式更改为货币格式。

 额外挑战

更改包裹的重量。查看应用程序如何根据新重量计算新费用。

 探索更多

与家人和朋友谈谈他们认为包裹递送的公平价格是多少。这和你的电子表格里的价格相符吗？

中文界面图

本课中

你将学习：

→ 如何使用逻辑判断进行选择；

→ 如何在数据表中使用IF命令。

在上一课中，你使用了一个公式来计算包裹的运费。在包裹交付之前，客户不必支付费用。

在本课中，你将使用**逻辑判断**来计算每个客户今天必须支付的金额。

逻辑测试检查一个语句并找出它是Ture（真）还是False（假）。对"此包裹已交付"语句的逻辑测试可以得到两种答案：

- 是（是，已经交付）；

- 否（不，尚未交付）。

根据逻辑测试的结果，可以在数据表中使用IF公式来计算不同的值。

保存逻辑测试答案的字段是Delivered（配送状态）字段。它包含每个包裹的答案Yes或No。

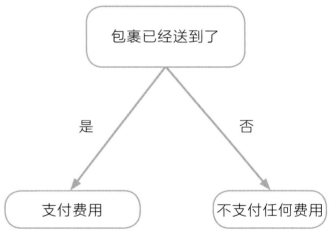

如何启动if公式

你将在数据表的末尾添加一个字段。它被称为to pay（待支付）。此字段将显示客户必须支付的金额。

要启动公式，请键入：=IF(

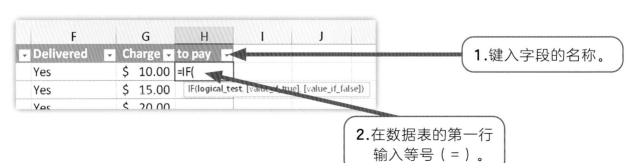

1.键入字段的名称。

2.在数据表的第一行输入等号（=）。

如何键入逻辑判断

逻辑判断是：Delivered（配送状态）字段中的答案是否等于Yes。数据表中的公式为：=IF（[@Delivered]="Yes"

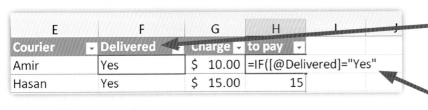

E	F	G	H	I	J
Courier	Delivered	Charge	to pay		
Amir	Yes	$ 10.00	=IF([@Delivered]="Yes"		
Hasan	Yes	$ 15.00	15		

1.单击Delivered字段。字段名将添加到公式中。

2.键入 ="Yes" 完成逻辑测试。

如何完成公式

你已输入公式的逻辑判断。现在你必须添加应用程序应该做出的选择，这取决于判断的结果。

可以从下列两项中进行选择：

- 将单元格的值设置为费用的值。
- 将单元格的值设置为0。

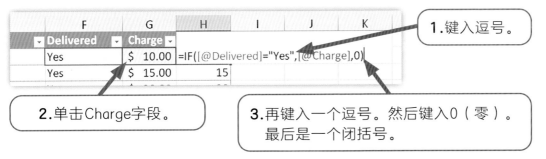

F	G	H	I	J	K
Delivered	Charge				
Yes	$ 10.00	=IF([@Delivered]="Yes",[@Charge],0)			
Yes	$ 15.00	15			

1.键入逗号。

2.单击Charge字段。

3.再键入一个逗号。然后键入0（零）。最后是一个闭括号。

完成公式后按"Enter"键。

活动

打开保存的电子表格Amir deliveries data。在数据表中添加新字段。标题是to pay。

在此字段中使用IF公式显示客户需要为表中的每个包裹支付的金额。

将to pay中的数据格式化为货币。

额外挑战

将Delivered字段中的某些值从No更改为Yes。会发生什么？

再想一想

阿米尔必须等快递员回到办公室才能知道快递员已经完成交货。

阿米尔如何利用技术来加速获取这个信息？

测一测

中文界面图

 **活动**

1.这里是一个班级注册表的例子，老师使用电子表格应用程序制作。

	A	B	C
1	学生代码	名	姓
2	S001	亚伯拉罕	汗
3	S002	贾马尔	侯赛因
4	S003	扎拉	阿比迪
5	S004	柯蒂斯	林肯
6	S005	利拉	马苏德
7	S006	凯蒂	摩根
8	S007	锡安	博伊尔
9	S008	贾特德	辛格
10	S009	马丁	格林
11	S010	伊薇特	利兰

a.使用班里同学的姓名创建这样的电子表格。添加不超过10行数据。

b.老师把注册表变成了一个数据表。将数据格式转化为数据表。

c.按学生姓氏的字母顺序对数据表进行排序。

d.保存并打印已排序的表。

2.如果学生在场，教师将使用电子表格进行标记。学校秘书会给每一个缺席的学生打电话，确认他们是否生病了。

a.将新列添加到班级注册电子表格中，标题为"星期一"。

b.如果学生在场，请在"星期一"列中输入数据"1"；如果学生不在，则输入"0"。将这些值放入该列的单元格中。

c.对电子表格进行筛选，只显示缺席的学生。打印电子表格，以便将列表发送给学校秘书。

3.扩展活动：如果有时间，请添加更多列以显示一周中其他日子的出勤情况。使用序列有效性为教师提供一个下拉菜单，用1或0标记每个学生。

测试

这些问题与你为活动制作的电子表格有关。打印出来，或者在回答问题时在屏幕上查看。如果你尚未完成活动，请以此电子表格为例。

	A	B	C	D
1	学生代码	名	姓	星期一
2	S001	亚伯拉罕	汗	1
3	S002	贾马尔	侯赛因	1
4	S003	扎拉	阿比迪	1
5	S004	柯蒂斯	林肯	0
6	S005	利拉	马苏德	1
7	S006	凯蒂	摩根	1
8	S007	锡安	博伊尔	0
9	S008	贾特德	辛格	1
10	S009	马丁	格林	1
11	S010	伊薇特	利兰	1

❶ 电子表格显示了学生的数据。它存储了每个学生的哪些数据项？

❷ 在活动中，你按学生的姓名排序。你还可以用别的什么顺序进行排序？如果你用其他顺序，哪个学生会排在第一位？

❸ 老师想把星期一缺席的学生名单发给学校秘书。学校秘书将给他们家打电话，看他们是否生病。解释如何使用电子表格为秘书打印清单。

❹ 你可以在表格中添加哪些额外的数据来帮助秘书完成她的工作？

自我评估

- 我回答了测试题1。

- 我通过在电子表格中输入数据开始活动1。

- 我回答了测试题1和测试题2。

- 我完成了活动1，制作了一个已排序的数据表。

- 我回答了所有的测试题。

- 我完成了活动1和活动2。

重读单元中你不确定的部分。再次尝试测试题和活动，这次你能做得更多吗？

6 数字和数据：阿米尔的包裹

编辑（edit）：对文件进行更改；例如，更改程序或脚本中的命令。

标题（headings）：告诉你一个网站或一段文字是关于什么的简短描述。标题一般比普通文本大，因而它很突出。

标志（logo）：网站使用一个标志来告诉你这个网站是关于什么的。一个标志也可以告诉你谁拥有这个网站。如果该网站是某家公司的，顶部将有公司标志。

菜单（menu）：帮助您找到软件使用应用程序，浏览网站的方法。单击菜单选项可直接进入软件应用程序或网站的另一部分。

重新调整用途（repurpose）：程序可以重新调整用途。这意味着，经过一些修改，它可以用于一个新的目的。这节省了时间，减少了程序员的工作量。它还降低了出错的风险，因为该程序已经使用过了。

重用（reuse）：程序可以重用。这意味着程序被再次使用。就像重新调整用途一样，这更容易、更可靠。

传感器（sensor）：机器人或控制系统中用来感知环境事件的部件。例如，温度计是检测空气或液体温度的传感器。

导入（import）：将数据引入应用程序，以便你可以使用它。

定量数据（quantitative data）：可以计数的数据，例如一天的降雨量。

定性数据（qualitative data）：无法计数的数据。定性数据描述事物。

反馈回路（feedback loop）：见控制回路。

跟踪算法（trace an algorithm）：当我们跟踪一个算法时，我们会执行所有的命令，并记下结果是什么。这是一个检查错误的方法。

固定循环（fixed loop）：计次循环的另一个名称。

缓冲器（bumper）：机器人中用来探测与另一物体接触的传感器。

幻灯片（slide）：演示过程中显示的屏幕。每个演示文稿都由一张或多张幻灯片组成，这些幻灯片一张接一张地显示。

机器人（robot）：可编程自动执行任务的机器。

机器人车（robot car）：一种不用人控制就能驾驶的车辆，也叫自动驾驶车。

机械臂（robot arm）：一种形状类似人类手臂的机器人。机械臂的关节可以弯曲和扭转，这样它就可以完成人类通常做的工作。

计次循环（counter loop）：由计数器控制的循环。当循环重复一定次数时，它将停止。也被称为计数器控制循环或固定循环。

计算机技术人员（computer technician）：安装和维修计算机的人员。技术人员在计算机上安装软件。

计算字段（calculate field）：包含计算或公式结果的电子表格单元格。例如，"全部"字段显示一列数定的总和。

记录（record）：数据表中的一行，它存储关于一个事物、事件或人的所有信息。

讲义（handout）：演示文稿的印刷版。讲义将所有幻灯片一起打印在一张或多张纸上。

脚本（script）：通常是控制一件事的短程序。

距离传感器（proximity key）：一种能探测机器人和另一物体之间距离的传感器。距离传感器可用于检测运动。

控制回路（control loop）：控制系统中使用的一种算法。例如，控制回路可以将温度保持在用户设定的水平。传感器将信息反馈给控制器。控制器使用这些信息来保持恒定的温度。

控制器（controller）：机器人或控制系统中执行程序指令的部件。控制器接收来自传感器的信息并向执行器发送指令。

控制系统（control system）：用于控制环境或过程的系统。例如温度控制系统和安全系统。控制系统使用控制器和传感器。

链接（links）：当你单击链接时，你将离开当前页面并转到新页面。链接也称为超链接。链接可以是一段文字或图像。链接通常较为突出。例如，文本链接可能为蓝色并带有下划线。

逻辑检验（logical test）： 电子表格公式中可以用True（真）或False（假）来回答的问题。

模块（module）： 存储一组命令。程序员创建模块并为其命名。模块可以包含在程序中。当计算机看到模块的名称时，它将执行所有存储在模块中的命令。

模拟（analogue）： 在一定范围内连续变化的度量。例如，温度是一个模拟测量值。温度不会从一个精确的数值跳到另一个精确的数值，而是以平滑的曲线变化。

纳米机器人（nanobot）： 一种微型机器人，小到可以在狭小的空间里工作。纳米机器人是实验性的—它们正在被开发用于医疗用途。总有一天它们会被用来抵抗体内的疾病。

排序（sort）： 电子表格应用程序可以按你选择的顺序对数据进行排序。

拼写检查器（spell checker）： 大多数软件应用程序的一项功能。拼写检查器检查拼写和语法，并就如何更正提供建议。

平均的（average）： 通过计算一系列值的总和并除以该系列值的个数而得出。

人工智能（antificial intelligence）： 计算机以类似于人类的方式思考和学习的能力。

软件工程师（software engineer）： 程序员。软件工程师为计算机编写程序并完成程序升级。

筛选（filter）： 电子表格功能，可让用户只看到要查找的数据。

上传（upload）： 将文件从你自己的计算机复制到另一台计算机。在Scratch中，这意味着你将文件复制到Scratch Web服务器。

实地调查（fieldwork）： 在办公室外完成的工作。调查通常由现场工作者实施。现场工作人员在现场工作时经常使用便携式设备。

数据表（data table）： 电子表格中有标题行的一组数据。数据表帮助用户更轻松地对数据进行排序和筛选。

数据记录器（data logger）：从传感器采集并存储数据的设备或应用程序。数据记录器通常以设定的间隔采集数据，例如"每分钟一次"。

算法（algorithm）：解决问题的一组步骤。它必须显示正确的步骤。步骤必须按正确的顺序进行。可以使用算法来规划程序。

条件循环（conditional loop）：由逻辑测试控制的循环。在Scratch中，条件循环一直重复，直到测试为false（假）。

图像（images）：照片、图画或卡通画。图像使文档或网页的内容更有趣、更容易理解。

网页（web page）：网页上包含某一主题信息的网页。网页包含文本和图像。网页还可以包含视频、音频和动画。网页通常包含指向其他网页的链接。

网页编辑器（web page editor）：用于制作网页的应用软件。

卫星导航（satellite navigation satnav）：一种引导汽车和其他车辆到达驾驶员选定目的地的系统。

温度传感器（temperature sensor）：机器人和控制系统中用来检测温度变化的传感器。

无人机（drone）：会飞的机器人。无人机可以设计成直升机或固定翼飞机。

x/y坐标（x/y coordinate）：在屏幕上设置点位置的两个数字。

x坐标（x coordinate）：设置屏幕上点的左右位置的数字。

线框（wireframe）：网页和其他文档设计中使用的大纲设计。线框显示页面的主要元素将出现在屏幕上或打印文档中的位置。它是一个有用的规划工具。

协作机器人（collaborative robots）：通过团队协作完成任务的机器人。有时，协作机器人会配合人工作。

需求（requirement）：程序需求规定了程序必须做的事情。在开始设计算法之前，你需要明确需求。

序列（sequence）：算法中的命令序列是命令发生的顺序。

序列有效性（list validation）：将数据输入限制为选择序列。

y坐标（y coordinate）：在屏幕上设置点的上下位置的数字。

压力传感器（pressure sensor）：可以用来检测压力变化的传感器。压力传感器通常用于家庭报警系统，以探测入侵者。

页脚（footer）：文档或网页底部的区域。页脚包含日期和页码等信息。页脚在文档或网站的每个页面上自动重复。

页面正文（body）：文档或网页中间的区域。正文包含大部分页面内容。

页头（header）：文档或网页顶部的区域。页头可以包含文档标题和标志（logo）。在网页中，页头可以包含菜单。页头会自动重复出现在文档或网站的每个页面的顶部。

音频（audio）：包含有关录音的数字数据的计算机文件。

有效性（validation）：数据验证意味着检查数据是否正确。在将数据输入电子表格时，可以使用验证来防止错误。

有效性条件（validation criteria）：为数据有效性设置的规则。例如，数字单元格的规则可以是"数必须大于0"。

振动传感器（vibration sensor）：机器人和控制系统中用来检测振动的传感器。

执行器（actuator）：机器人的一个部件，它把控制器的指令转换成动作。

智能家居（smart home）：可以使用互联网远程控制照明、供暖和警报等功能的住宅。

主键（primary key）：数据表中一条记录或一行所独有的一段数据。编码通常用作主键。

转场（transition）：一种演示文稿的幻灯片切换时显示的动画。

转录（transcribe）：将信息从一种格式复制为另一种格式。例如，通过将语音记录中的单词输入到经过字处理的文档中来复制这些单词。

字段（field）：数据表中存储单个数据项的列。